人間知能 と 人工知能

−あるAI研究者の知能論−

大須賀 節雄 [著]

Ohmsha

本書に掲載されている会社名・製品名は，一般に各社の登録商標または商標です．

本書を発行するにあたって，内容に誤りのないようできる限りの注意を払いましたが，本書の内容を適用した結果生じたこと，また，適用できなかった結果について，著者，出版社とも一切の責任を負いませんのでご了承ください．

まえがき

　最近の新聞・テレビ・インターネットで人工知能（AI）の名前を見ない日はないといってもよい．かつて日本における人工知能研究の先駆けを務め，一応この分野での初期の専門家をもって任じていた筆者にとっても，あまりにも急激に，津波のように押し寄せてきた最近の人工知能ニュースを見て，最初は一体何が起こったのかと戸惑うばかりであった．

　筆者の周辺にいる知人達からも，何が起こっているのかさっぱりわからない，人工知能とは何か，囲碁プログラムのことか，自動運転のことか，などという疑問が突き付けられることも再三ではない．特に近い将来，人工知能が人間の知能を超え，人々の生き方，社会の在り方など広い範囲に影響が及ぶことが危惧されるシンギュラリティ（技術的特異点）の時代，といった話題が人々に関心を呼ぶとともに不安も植え付けている．この不安は，突き詰めていえば人工知能そのものに対する不安というよりも人工知能について正しい姿が示されていないための不安，という側面がある．そのような時代が来るという意見も，来ないという意見も，その主張の根拠が見えないからである[人 16]．

統一されていない人工知能論

　少し冷静に現状を観察すると，見えてくるのは，おそらくニュースの発信者すら十分にまたは正しく理解しているとは思えない，ある意味無責任な情報に一般市民が振り回されている姿である．人工知能のカバーする範囲は広く，研究者といえども全体を見通している人は必ずしも多いとはいえない．むしろ狭い範囲で地道な研究を進めてきた人達が多い（研究とはそういうものであるが）．しかしこれでは人工知能の全体像を理解する術もないし，社会現象とでもいえる広がりを持つに至った現代の状況を分析し，見通しをつけようとする努力の向けようもない．そこで本書では誰にも納得できる形で人工知能の全体像を表す方法を試みる．

知能の全体像を求めて

　人工知能とは何か，この答えは言葉のうえでははっきりしている．字句どおり「知能の人工的実現」である．したがってその内容は，と問われたら，まず知能とは何か，をはっきりさせることから始めるべきであろう．以下単に知能というときは人間の知能を意味し，その人工化である人工知能との違いを明確にする．

　知能は本来，人間を含む生物に固有の機能である．本書ではまず「知能とは何か」の原理的な議論から始めて知能の主たる働きを示す．次いで人間知能の機械化たる人工知能の全体像，そしてさらにそれが人間を超える可能性を議論していきたい．

　この目的には進化，細胞，生物，言語，歴史，考古学など未知の概念を含む多くの分野から学ばなければならない．知能は人間の全方位の活動に関わるものだからである．これらの分野は長年の研究・実践を経て，固有の学問分野を形成している．しかしそれぞれの専門分野で必ずしも明らかにされていない事実を数多く含んでいるうえ，それぞれの分野が他の分野に関わりなく，固有の方法で理論や概念をつくり上げており，それらを統合することが極めて困難な状況にある[正11]．

　これら諸分野を大海に点在する島とみなすと，知能を知ることはそれらの間の海面に，他のすべての島々と関わりを持つ，知能学という新しい島を形成しようとする試みである．

　これは上記の諸分野とも関わる新領域であり，本来ならそれら関連分野の研究成果を待ってその影響をきちんと議論すべきであるが，それを待っていては一歩も進めなくなる．いわば本書は多くの分野で得られてきた断片的なエビデンス（事実）をつなぎ合わせて，統一的な知能像を形成することを目指した科学的エッセイとご理解いただければ幸いである．

　ただ全体像を見通すことによって初めて見えてくる事実あるいはその可能性があることも確かである．例えば知能を扱ううえで情報記憶が不可欠であるが，脳細胞がいかにして情報を記憶するか，という問題は未解決である．我々はともすると情報がコンピュータ記憶のように静的に特殊な脳

細胞の中に保存されているかのごときイメージを抱くが，その先は全く暗黒の領域に入ってしまう．しかし明らかな事実に適合することを前提に知能像をつくる努力を続けていると，記憶とは，静的に情報を蓄えるのではなく，蓄えられるべき情報を生成するメカニズムをつくって蓄えることである，と考えることもできるし，そのほうがより自然な姿に見えてくる．

　もちろんこれは仮説の域にあるが，このほかにもこれと類似のことが多々あり，本書では人工知能という特殊な体系を論じるうえで，多くの関連事項について仮説・推理のレベルの議論，ときには暴論に近い勝手な解釈すらせざるを得ないことも多い．このことをご了承いただきたい．また，求めるものは知能の全体像であり，その個々の側面に関する技術論の細部には立ち入らない．

人工知能と哲学

　このような一種の冒険をあえてする理由は，人工知能研究がまとう危機についての予感があるからである．人工知能は過去2回，人々の関心をひいた歴史があり，現在3回目の高揚期にあるといわれている．いずれの場合も，その中心に情報処理技術の新しい展開があった．

　しかし，これらは知能という総体的な概念から見ると局所的な技術であり，いつかそこに含まれるいくつかの困難が克服され，あるいは限界が明らかにされて，技術的には完結したものとして終結する可能性がある．そのとき，第1回，第2回のときと同様に第3回目も人工知能研究が，というより知能研究そのものが停滞するのではないか，をおそれる．知能の研究は，実用的技術であると同時に，人間そのものの理解に関わる重要な分野だからである．

　人工知能は人間理解とどのように関わるか．一つの例で見てみよう．「知能とは何か」を追及していくと，知能には，存在するが形式化されずしたがって表現の困難なものと，形式化され表現が可能なものがある．人工知能研究とは，本来表現の困難であった知能を，形式化し，明示的に表現する研究といえるのではないか．

　表現の困難な知能と可能な知能を対比するこのような考え方は，1819年

に出版されたドイツの哲学者ショーペンハウアーの著書「意志と表象としての世界」の考え方に近い[ショ04]．同書の意志と表象はより深い意味を持っているが，重要なことは，哲学という人間追及の学問が技術面を含む今日の知能研究に直結しているという事実である．

情報技術の発展の停滞と同時にそれが中断されることは，人間研究が停滞することであり，何としてでも避けたい．

知能とは何かの本論の準備として，人工知能の発展経過を示しておこう．

人工知能の発展経過

人工知能は，知能という，すべての物事の根底の機能を実現する技術であるだけに，応用面では周辺の多くの技術—電気・電子・制御，機械，システム，経済，医療，娯楽，その他—と結び付いて多様な展開を見せるが，これら3回の発展段階では，それぞれ人工知能固有の機能が研究されてきた．

第1回目は，問題解決に際して必ずといってよいほど現れる解の探索技法であり，主としてパズルやゲームなどで解を自律的に見いだす方法が研究された．通常パズルやゲームは特定の盤面で表されることが多く，それはパズルやゲームの進行状態を表している．パズルの成功あるいはゲームの勝ちは特定の状態で表され，現状をそこに持っていくように状態を変える手を自ら見つける方法が研究され，コンピュータ化された．

第2回目は，知識を定型的に表現してコンピュータに蓄え，それを問題解決に役立てて自律的な問題解決を実現するという考え方で，医療分野での診断や溶鉱炉の制御など多くの分野で実用化された．これはエキスパートシステムと呼ばれ，この考え方は当時熱狂的に世の中に迎え入れられ，大きなブームを惹き起こした．エキスパートシステムが根拠とする方式に関しては4.2節で述べる．

第3回目である現代は，大量データに基づく認識機能をコンピュータに与えて自動認識を行う方式を中心に，いくつかの自動化機能の開発によって，これまで人間の能力が及ばなかった問題の解決を可能にするもので，第1，2回と同程度あるいはそれ以上の期待感をもって受け入れられている．データに基づく認識機能については5.2.2 [3] 項で述べる．

目　　次

まえがき ……………………………………………………………………… iii

第1章　知能とは何か ……………………………………………………… 1

　　1.1　知能の構造 …………………………………………………………… 2

　　1.2　知能構造の進化 ……………………………………………………… 4

　　1.3　知能への期待 ………………………………………………………… 15

　　1.4　外界との関わり ……………………………………………………… 16

　　1.5　知能化メカニズムの諸様相 ………………………………………… 20

　　1.6　知能をつくる細胞組織 ……………………………………………… 21

第2章　生命の時代 [知能化メカニズムの基盤＝生命構造] ………… 27

　　2.1　生命構造の各部機能 ………………………………………………… 31

　　　　2.1.1　検知・認識機能 ……………………………………………… 31

　　　　2.1.2　行動機能 ……………………………………………………… 32

　　　　2.1.3　制御機能 ……………………………………………………… 33

　　2.2　教師あり学習―制御学習 …………………………………………… 38

第3章　記号化の時代 [知能化メカニズムの基盤＝原生言語] ……… 45

　　3.1　記号化の始まり ……………………………………………………… 46

　　3.2　形態素表現への進化 ………………………………………………… 50

　　3.3　生命構造の機能拡大―複文の生成 ………………………………… 55

　　3.4　文化継承としての知能深化 ………………………………………… 61

第4章 論理の時代 [知能化メカニズムの基盤＝意味言語] ………… 63

4.1 意味言語への進化 ……………………………………… 64

   4.1.1 意味言語への進化とその動機 ……………… 64

   4.1.2 意味言語—変化する世界の記述 ………… 65

   4.1.3 意味言語への展開の担い手………………… 66

   4.1.4 意味言語ベースの知能化メカニズムの特徴 … 67

4.2 意味言語の基本形式 …………………………………… 70

   4.2.1 意味言語の構文—変化する状態の表し方……… 70

   4.2.2 集合と言語 …………………………………… 73

   4.2.3 述語論理 ……………………………………… 76

   4.2.4 メタ記述 ……………………………………… 78

4.3 ニューラルネットワークによる
遷移知および推論の実現 ……………………………… 81

4.4 遷移知の源 ……………………………………………… 85

   4.4.1 事例からの遷移知の形成 …………………… 85

   4.4.2 知識としての遷移知 ………………………… 85

   4.4.3 遷移知の取込みと記憶 ……………………… 88

4.5 知能活動の原型—規格型の問題解決 ………………… 90

   4.5.1 2段階の問題解決……………………………… 90

   4.5.2 問題表現とその多様化 ……………………… 90

   4.5.3 規格型問題解決の解 ………………………… 91

   4.5.4 問題解決の手順……………………………… 93

   4.5.5 規格型問題解決の形式化 …………………… 93

   4.5.6 遷移知の一般形式 …………………………… 94

   4.5.7 概念構造の形成……………………………… 95

   4.5.8 エキスパートシステム ……………………… 96

4.6 物語生成と表現能力 …………………………………… 96

   4.6.1 意味言語の記述力 …………………………… 96

   4.6.2 遷移知の多様な外化 ………………………… 97

　　　4.6.3　連鎖が解である問題—物語生成 ················· 98

　　　4.6.4　プロットの生成 ································ 99

　4.7　意味言語ベースの知能化メカニズム ······················ 100

第 5 章　知能進化の新たな段階 [問題の多様な現れ方] ················ 103

　5.1　知能活動の高度化の例 ····························· 104

　　　5.1.1　隠れた対象の問題 ······················· 105

　　　5.1.2　見えない対象の問題—認識問題 ··············· 106

　　　5.1.3　複数解問題—思考の原型 ·················· 110

　　　5.1.4　大規模問題 ························· 111

　5.2　高度化問題へのアプローチ ························· 112

　　　5.2.1　隠れた対象問題へのアプローチ ··············· 112

　　　5.2.2　見えない対象問題へのアプローチ ··············· 117

　　　　　[1] 仮説検証法 ····················· 118

　　　　　[2] データからの知識発見 ··············· 121

　　　　　[3] ディープラーニング ··············· 122

　　　5.2.3　思考法—発想の転換 ················· 129

　　　5.2.4　大規模問題解決へのアプローチ ············· 131

　5.3　統合知能論 ································· 132

むすび [これまでのまとめと今後の展望] ····················· 137

　I　本書のまとめ ····························· 138

　II　人間知能と人工知能 ························· 148

　III　何が進化したか ··························· 150

参考文献 ····························· 155

索　引 ····························· 159

第 1 章 知能とは何か

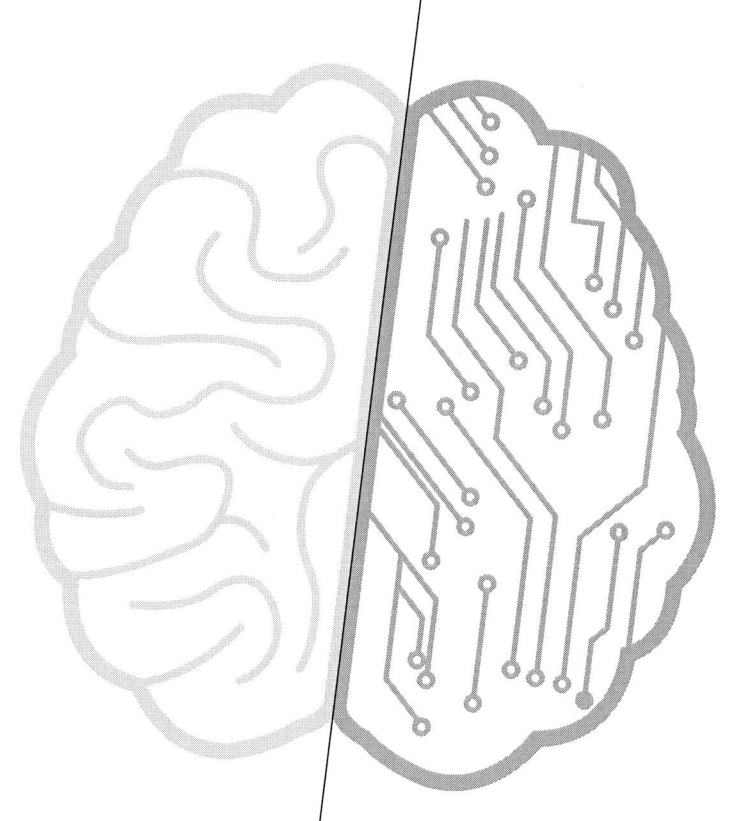

1.1／知能の構造

生体の進化が生み出した知能

　知能は原生生物から現代の人類に至る生物の進化の過程で生み出された．これは無条件で受け入れざるを得ない，動かしがたい事実である．生物の進化では何回かの不連続的な進化過程を経て新しい生物種が生まれ，その結果として人類種に到達した．これと歩調を合わせて，知能も不連続的な進化の過程を経て発達してきた．知能の進化過程を明らかにすることができたなら，人工化を含めた知能の全体像をつくることができるであろう．

　「不連続的な」とは「前段階とは構造的に異質な」，という程度の意味である．その結果，生物自体の進化結果がそうであるように，進化の過程において前の段階とは異なる形態・意味を持った知能が生じた．その結果，知能は多様化し複雑化していった．しかもこの多様化は環境の変化に合わせて極めて柔軟に行われている．この多様性・柔軟性はどのような機構で発現してきたのだろうか[メ 97]．

知能発生のメカニズム

　すべての出来事には原因と結果がある．知能についても，それが生みだされたという出来事（結果）がある以上，その原因があるはずである．つまり本書では**知能は特殊な「機能」（結果）であり，根底にそれを生み出す「事物」（原因）がある**，とする．

　「物」から知能が生み出されるという説明に違和感を持つ向きもあるかもしれない．それに対しては，生物が細胞という「物」からつくられ，知能はその生物の固有の機能として生じている，という一般的な事実をあげるに留めよう．

　今日では常識的なことであるが，知能を生み出す元は脳細胞組織である．しかし柔軟な変化を見せて発展してきた知能と，あまり柔軟な変化はしにくい細胞組織を直結させて，その関係を見いだすことは難しい．

知能が望ましい形で発展するために，ときには人間の意図や願望が知能変化を先導したことも考えられるが，進化の結果がそのまま知能の現れとなるとしたら，そのような機会はなくなる．知能の発展に意図や願望が関与したかどうか，したとしたらどのような形で行われたか，については，知能発展の経過についてもう少し観察した後に再度考察する．

　知能生成の実体としては，原因である脳細胞と結果である知能の間に，知能から見れば「物」，脳細胞から見れば「機能」に相当する中間の，準「物」とでも言うべきものがある．現実に知能発生に関わるものとして，これを**知能化メカニズム**と呼ぶ．

　後述するように，一般生物ではこれは生命を維持する構造であり，後代の人類になってからは言語という形をとって知能化を実現している．したがって知能は構造的には**図 1.1** のように表されるであろう．この図は知能の構造を表しているので，**知能構造**と呼んでおく．

　人はこの中間の知能化メカニズムを通して知能の開発を進めてきた．また知能化メカニズムの働きにより，知能の多様性，複雑性，柔軟性が実現されてきた．したがってこの部分を知ることが知能とは何かを知る最大の手掛かりである．

　知能構造は生物の進化段階によって変わる．したがって，**図 1.1** は進化という時間軸上の知能構造の一断面に過ぎない．知能を知ることは時間的に変化する知能構造の中身，特に知能化メカニズムとそれによる知能の現れ方を詳細化することである．

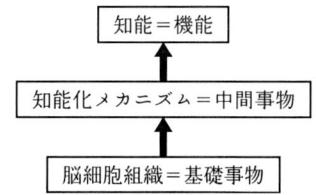

図 1.1　知能生成の構造（知能構造）

1.2 / 知能構造の進化

生物の進化

　生物は長年月をかけて進化してきた．生命の進化に伴って知能も進化した．進化の段階に応じて異なる知能化メカニズムがつくり出された．この知能進化の過程は生物進化の歴史から一部読み取れる．

　生物進化の過程で見る限り，人間も他の生物も類似の経過を経て今日に至っている．人類はその過程の分岐の一つとして現代の人類（ホモサピエンス）に至る経路を経てきた．他の生物も同様にそれぞれ進化の途中で分岐した道に入って今日の姿に至っている．ライオンはライオンへの道を，猿は猿への道を．このように多数分化した結果が今日の生物の姿である．全体は複雑になるので霊長類に関する部分の系統図を**図 1.2** に示す．

　これに伴って進行した知能進化に関して興味あるのは，当然のことながら，最高度の知能を持つに至った人類種である．人類種はおよそ 500 万年前の猿人の時代，100 万年前の原人の時代，10 万年前の旧人の時代を経て，ようやく 3 万年前の新人の時代になって言語を，したがって知能

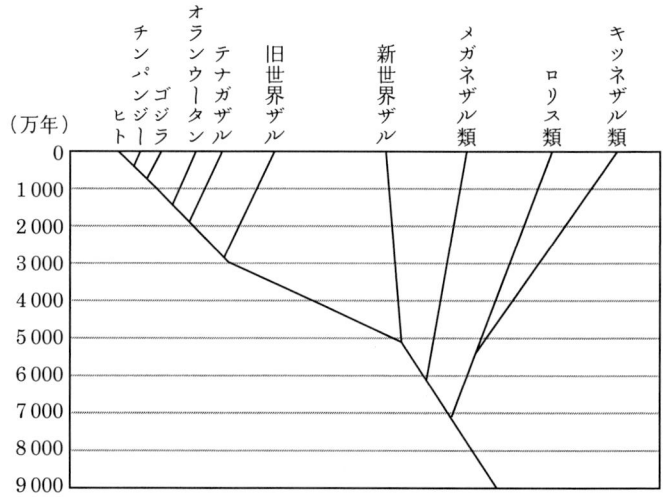

図 1.2　霊長類の進化系統図

を獲得したといわれている．

　言語という高度な概念に至る進化を遂げるまでには長い年月を要したに違いない．言語として一応完成された状態に達したのは新人の時代とされているが，化石の分析により，旧人のネアンデルタールが音声を発していた形跡があることが明らかにされていることから，言語形成，正しくはその基になった記号化という大事業を成し遂げ，生物的な単純な知能から人類言語型の知能開発の過程を担ったのはネアンデルタールの人々なのではないか，初期言語を確立するまでに 10 万年近い年月を必要としたのではないか．

知能構造の時間的変化

　人類の知能進化がこの人類史の線に沿って進行したことになる．原始的生物の誕生すなわち生命の創生がすべての知能進化の原点に当たる．その後現代の人類に至るまでにさまざまな生物的進化があり，それに伴って知能が高度化してきた．この知能進化の過程で新しい知能構造がつくられ，全体として知能が増大してきた．これを知能構造の時間的変化とすると，この状況は**図 1.3** のような知能構造の時系列で表されよう．

　人類の誕生以来，複数回の進化が生じ，各進化段階の中では安定した知能活動が行われている．その中にいくつか飛躍的な進化，言い換えれば知能化メカニズムが大きく変化するような不連続的な進化があり，それに

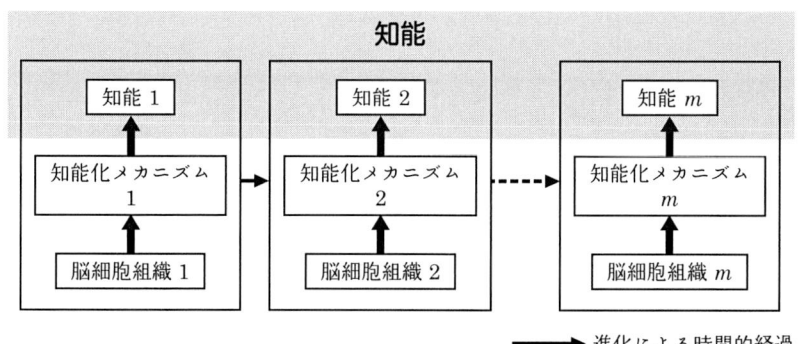

図 1.3　知能構造の進化による知能生成

よって知能の現れ方にそれ以前とは異質なものが生じた.

　不連続的な進化といっても,それには数万年,数十万年を要したかもしれないが,問題とするのは進化の速度ではなく,前段のものに比べて質的な変化が生じた事実である.この質的変化がどのように起こったか,それにより知能はどのように変化したか,それ以前のものとは異質の知能が知的活動にどのように関わってきたか,知能構造がどのように変化してきたかが興味ある課題である.これらについて以下の各章を通して考察するが,この段階で進められる範囲で,もう少し一般的な議論をしておこう.

進化と言語生成

　生物進化は生命体の構造変化であるが,これは突然変異によって遺伝子が変化することによって生じる.遺伝子は親から子にコピーされて伝えられるが,このコピーの過程で変事が生じることがあり,これが遺伝子情報を変えることがある.するとそれからつくられる生命構造が変わり,生物としての特性も変わる.この新しい生命構造が以前のものより良く環境適応するものであった場合,新しい生物種としてそれが生き残る.これが生物の進化で,生命構造レベルの,いわば「物」の変化である.

　進化によって遺伝子に構造変化が生じると,それをフォローして生体の構造変化が生じる.進化に伴う知能構造の変化を現実に起こしてきたのは脳細胞であるが,ミクロな細胞レベルで何が行われてきたかについては,未解明の部分が多い.しかし一般論として進化とともに細胞構造が変化し

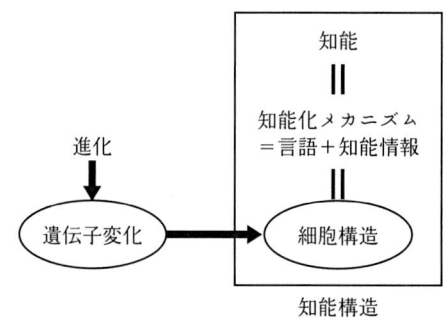

図 1.4　知能構造の進化

てきたという事実は人類史から明らかであり，否定する理由がない．それはそのままで了承することにしよう．

　しかしそれだけでは知能変化は突然変異という偶然に支配され，より良く環境に適応するとはいえない．知能化メカニズムに期待される環境適合の速度や柔軟性，特に後代の人類の知能変化の速度や環境変化に対応する柔軟性を考慮したとき，この遺伝子変化によって生じる細胞レベルの変化が知能化メカニズムに新たな機能を生み出したといえる．言い方を変えれば，柔軟な環境適応という「高度の機能を持つもの」を生み出す細胞構造をつくり出すような現象が生じた．結論的にいえば「高度機能を持つもの」とは言語である（**図 1.4**）．

　言語は，そこで表される語や文の構文規則，内・外部からの情報をその構文規則に従って成形する機能，規則に従って文を照合したり，置き換えたりするなどの行為（処理）をする機能，などの諸基本機能で定義される．細胞レベルの構造がこの言語の規則を維持する行為（処理）を行えば，結果的に言語が発現する．以後はあたかも言語という実体が存在するごとくに知能化メカニズムを実現することができる．

環境に適応する言語

　人間の知能化メカニズムは，知能主体が環境に適応するように意図的に行動することができるものになっている．意図的に環境に適応するとは，知能主体が環境に応じた望ましい状態をつくり出すことを意図し，それを言葉で表明したとき，言語の処理系がそれを受けて自律的にその状態を生成することである．言語がそのような高度機能を持つことである．進化の結果，知能化メカニズムがそのような高度機能の言語を持つように細胞レベルの構造がつくられることである．それが知能進化である．人類が高度の知能を持つに至ったのは，この条件が満たされたからである．このために進化によってつくり出される細胞レベルの構造の満たすべき条件は，それが上記知能化メカニズムのレベルでの言語仕様を満たすことである．これについては 4.3 節で具体化して述べる．

3 段階の知能進化

　人類史を通して進化が複数回生じ，各進化段階の中間では安定した知能活動が行われる．その中にいくつか飛躍的な進化，言い換えれば知能化メカニズムに大きな変化をもたらすような不連続的な進化があり，それによって知能の現れ方にそれ以前とは異質なものが生じた．どのような不連続進化があったかは，知能構造のうち外から見える部分の違い，すなわち知能化メカニズムの違いによって知ることができる．

　結論的にいえば，人類史を通してこれまで大きな 3 段階のステップで進化が行われたとする．以下，この 3 段階の進化段階をそれぞれ**生命の時代**，**記号化の時代**，**論理の時代**と呼ぶ．名前の由来は，以下の記述から，あるいはそれぞれの時代について述べる第 2 ～ 4 章を参照されたい．**図 1.2** についていえば，これは左上の小さな「ヒト」の部分の中身である．

知能化メカニズムの構成

　このように分類したのは，各段階間では異質の概念に基づく知能化メカニズムがつくられているのに対し，各段階内ではそのような変化がなく，あっても同一概念に基づく穏やかな変化を示すものだからである．知能化メカニズムは，それが置かれた進化段階で異なる．各進化段階に，知能化メカニズムを形成する基となるものがあり，それぞれ**生命機構**，**原生言語**，**意味言語**と呼ぶ．

　知能化メカニズムは各進化段階ごとに固有の構造もしくは言語と，その言語の構文規則に従った形式で表現された，知能を表現する語および文からなる（生命の時代の生命機構を含む）．知能化メカニズムについては，第 2 ～ 4 章で内容を議論することにする．

　進化の各段階の機構は固有の知能化メカニズムを持つと同時に，前の段階までの知能化メカニズムを取り込んでいる．したがって各段階の知能は前段階の知能を内包している．

　第 1 段階の生命の時代の知能化メカニズムは生体の生存を表す構造である．生命を保証する知能をつくるという意味でこれを**生命機構**と呼ぶ．

この段階で，生命維持活動とともに，後に大きく発展する言語の元が生成された（第2章参照）．

第2段階の記号化の時代の知能化メカニズムは，記号化を実現し，記号をベースとする言語の基礎を築いた．文章的には主として単文のように単純な構文を主たる文構造として持つ．この言語を**原生言語**と呼ぶ．この言語によって相対的に低レベルの知能が表現されるが，それを**要素知**と呼ぶ．名称はこれが知能を表す最小限の要素であり，それらの組合せにより複合的な知能が表されることに由来する．

要素知は意味ある表現の最小単位のものである．その意味は要素知をそれ以上分割したら，もはや正しく意味を表さないことである．要素知の原点は，生命機構が備えている環境情報の検知・認識機構によって，実在するものとして捉えられた事実である．したがって，要素知は常に正しい（真である）表現である．言語としての構文が単文のように単純なものなので，その構文で表される知能も単純なものに限定される（第3章参照）．

第3段階の論理の時代の知能化メカニズムは**意味言語**をベースに持つ．この言語は原則として原生言語文を並置した複合文を主たる構文として持つ．そのような形式の複合知能の表現を**遷移知**と呼ぶ．名称の由来はこれが要素知間の意味的な同値関係を表すこと，特に要素知間で表現の遷移の可能性を表すものであることから来る．これについては第4章を参照されたい．

この段階の知能化メカニズムは，問題解決として問題が示されたとき，保有する要素知，遷移知を適切に組み合わせることにより，示された問題の解を自動生成することができる．問題の解の表現は正しい（真である）表現である．この点で要素知と同じであるが，問題表現は意図の表現でもあるから，問題解決行為で扱われた「問題」の「解」の表現は現実の言語環境内で固有の意味を持つ言語表現である．その意味で解が得られた問題文を特に**行動知**と呼ぶ．問題解決には事前に真であることがわかっている要素知を用いるが，問題解決行為は事後に真である行動知を見いだす行為といえる．結果として，得られた行動知の次の知能行為への寄与は要素知と同じであるから，「解」の生成後は要素知に組み入れられる．

要素知，遷移知，行動知はそれぞれの固有の知能化メカニズムに基づく形式と意味を表している．要素知は生命機構に基づき，原生言語で定義された形式の意味を，遷移知は意味言語で定義された形式での「要素知の複合」としての意味を，行動知は解を構成する要素知，遷移知の組を背後に持って，意味言語で定義された形式と意味をもつ．

形式としては要素知の組として遷移知が，要素知と遷移知の組として行動知が表されるという階層関係にある．要素知，遷移知，行動知は後代の進化，特に論理の時代の知能の表現に重要な概念であり，この3種の知能の表現をまとめて参照する際には知能要素という表現を用いる．各段階ごとの概念の名称一覧を**表 1.1**に示す．

知能階層の例

要素知も遷移知も進化の段階で内容が異なるので，ここではいまだそれらの詳細を示すことはできないが，以後の理解に関わるので，その一助として知能階層の簡単な例を示しておく．

例として「鷹が飛来すると，野兎は巣に逃げ帰る」という状況を考える．これは進化段階としては後期の論理の時代の言語表現である．現実の事象に対応して正否が判断できるからこれは意味のある表現である．しかし要素知ではない．なぜならこの表現は「鷹が飛来する」と，「野兎は巣に逃げ帰る」に分割したとき，どちらも現実の事象によって判断でき，意味があるから，元の表現は意味の最小表現ではないからである．しかし分割された後の二つの表現は，これ以上分割できないから要素知である．例えば「鷹が飛来する」は単文であり，これを「鷹」と「飛来する」に分割した

表 1.1　進化段階各部名称一覧

進化段階	知能化メカニズム	知能要素	知能要素の働き
生命の時代	生命機構	（音声）	単純な通信
記号化の時代	原生言語	要素知	認識された事実の表現
論理の時代	意味言語	要素知	認識された事実の表現
		遷移知	推論による問題解決
		行動知	論理的に見いだされた事実の表現

ら，個々の要素，例えば「鷹」は認識できても，「鷹」が来るのか去るのか，生きているのか死んでいるのか，何も判断できない．「野兎は巣に逃げ帰る」も同様である．したがって「鷹が飛来する」と，「野兎は巣に逃げ帰る」は要素知であり，もとの表現「鷹が飛来すると，野兎は巣に逃げ帰る」は要素知の組合せによってつくられた遷移知ということになる．これら遷移知の組合せによって，問題解決のような知能活動が表される．

　これを記号で表しておこう．知能の3段階の構造が示されている．知能表現の基本的要素である要素知 $(e_1, e_2, \cdots, e_k)$，要素知の組合せで表され，知能活動に関わるレベルの遷移知 $(k_1, k_2, \cdots, k_m)$，要素知，遷移知の組によって形成される知能活動（例えば問題解決）の行動知 $(kw_1, kw_2, \cdots, kw_l)$ である．

　e_1, e_2 などはそれ以上分割できない意味の最小単位であり，この組合せで遷移知 k_1, k_2 などがつくられる．知能活動 kw_1, kw_2 などはこの要素知，遷移知を要素とした構造によって表される．

　例として，先ほどあげた簡単な知能活動の記述問題を紹介しよう．野兎が天敵の鷹の飛来に対し身の安全を守れるかどうかを知る問題である．これに対し

e_1：鷹が飛来する，e_2：野兎は巣に戻る，e_3：野兎は安全である，

k_1：鷹が飛来したら野兎は巣に戻る（$e_1 \cdot e_2$）

k_2：野兎は巣に戻れば，安全である（$e_2 \cdot e_3$）

なる要素知 (e_1, e_2, e_3) と遷移知 (k_1, k_2) が存在し，それに基づいて

kw_1：（主体は）安全であるか？

の形の質問として知能活動が促された状況が表される．答えは「しかり」である．

　行動知は要素知と表面的には同形である．これは事前には真否の不明であった kw_1 が，事前に真である要素知，遷移知から真であることが判明したからで，問題解決とは事後に真否を見いだす行動であることを示す．真否判定に用いた要素知，遷移知の組が行動知である．

　表現の形式が決められていれば，その形式に合った要素知，遷移知がこの主体に受け入れられ，保持され，知能活動要請に応えられる．定められ

た形式以外の表現は受け入れられない．この形式は言語部分で定められている．これが要素知，遷移知，行動知の構文の形式を定め，この形式に適合するもののみが利用可能である．

　上の例は現行の進化の最終段階に当たる論理の時代の表現である．各進化段階は前段までの知能化メカニズムのすべてを引き継いでいるから，最終段のみに注目すれば，人工化のための知能理解の目的は達せられるように思える．しか後代の知能の形式は先行知能の影響を受けて作られている．知能化メカニズムは進化の各段階で強い制約のもとでつくられてきたから，知能の全体の構造像を知るには各段階の進化がなされてきた経過を知ることが重要で，進化の各段階の知能構造を分析しなければならない．

知能構造の進化

　この構図をまとめて，進化する知能構造を表すと**図 1.5**のようになるだろう．この各部の詳細が明らかになれば知能の概念が明確になる．この図は上記 3 段階に加え，現代以後の未来の知能の発展を含めている．現代以後の将来に向けての進化を想定して第 5 章で述べるが，それがどこまで実現するか，は未知であり，今後の課題も含まれている．

　これら進化の各段階は不連続変化をしたと述べたが，生命の誕生以外は

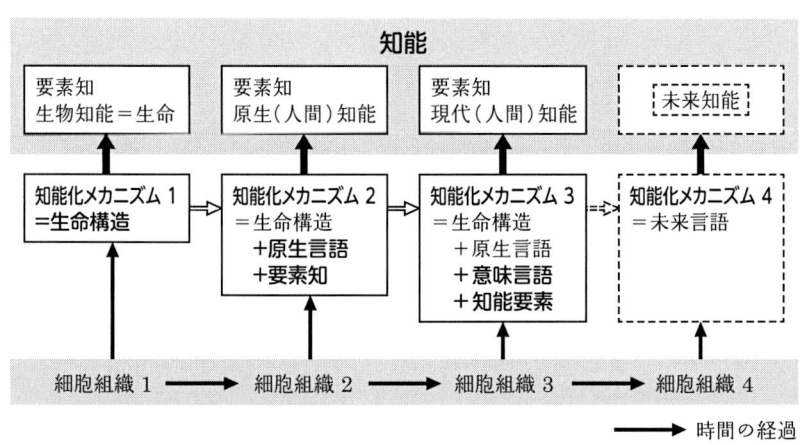

図 1.5　知能構造の変遷

全く新しい「知能化メカニズム」が突然出現したわけではなく，多くの場合，古い知能化メカニズムから新しい知能化メカニズムが環境適応としてつくり出され，それが新たな知能を生み出すという過程を経ている．生命の誕生については未知の要素が多く，細部は不明である．しかし本書は誕生した生命を出発点とするので，本書の目的には生命が誕生したという事実があれば以後の議論には十分である．生命の誕生過程の細部には目をつぶってそのまま事実として受け入れよう．

未来の知能化メカニズム

現在知能化メカニズムが明確に定義されているのは**図 1.5** の実線部分，既存知能の知能構造部分である．この先に未来の知能化メカニズムがあるかもしれないが，言語の歴史は，この過程の最後の段階である「意味言語」であってもすでに創生以来 1～数万年の年月を経ている．最新の知能化メカニズムといっても，年代的には古いものであることは否めない．現代ではより高度の知能を求める動きがあり，「意味言語」の形式も拡大しているが，現代の言語では表し切れない知能があるというもどかしさに悩まされている人も多いであろう．

感性，直観，情緒，メタ思考あるいは第六感などの機能が，知能化メカニズムが科学的に定義されないままに適当に使われ，潜在的機能としての知能の重要度を増しているようにも見える．次の時代の知能構造が模索される時代になってきている．次の時代の知能構造と言っても次の進化を待つ余裕はない．論理の時代を引き継いで，既存の知能化メカニズムを発展させる努力が望まれる．その中には論理の時代の知能化メカニズムの発展として位置付けられるものも含まれるが，新しい知能化メカニズムを必要とするものもあるかもしれない．これらについて知能化メカニズムが定義されれば一部は人工化が可能であるが，それまでは人間に固有の潜在能力とするほかない．

進化と学習

ここで，進化とも関係の深い学習について触れておこう．環境の影響下

にあって環境を理解し，あるいは環境に適応するように意志的に振る舞う行為を，広い意味で学習と呼ぶ．もう少し限定的な意味では，学習はデータを逐次的に与えて単純な計算を繰り返して，対象の特徴を浮き上がらせる行為である．学習行動によって対象の構造が表現され変化される．

　この点で学習は進化と対比される．何が違うか．

　生体は，ゲノムと呼ばれる遺伝素子で親から子供へ生命情報が伝えられる．すべての生物はゲノムに基づいて生命構造がつくられている．生殖時に親のゲノム情報はそっくりコピーされて子に伝えられる．これが正常な状態である．コピーされた親の遺伝子がもたらす遺伝情報が子の生命構造をつくるので，子は親と全く同じ生体構造を持って生まれる．しかし，ときにはこのコピー時に異常が起こりゲノムが変化する．このゲノムによって子の生態構造は親のものと違うものがつくられる．当然機能も変わる．もしこれが親のものより優れた機能を生み出していたら，子は親より優れた種となるであろう．これが進化である．このような突然の変化によって生じた新たな生体構造は元に戻ることはない．外部からの働きかけで進化が起こることもない．したがって，仮に知的な個体が望ましい進化を願っても，それが実現することはない．

　一方，学習によっても構造が変化する．しかしこの構造変化の範囲は小さく，学習が行われた結果が恒常的に残ることはない．すなわち学習の結果は個体の死によって消滅し，遺伝しない．これはダーウィン流の進化論の考え方で，通常「獲得形質は遺伝しない」と表現されている．獲得形質とは，後天的に得られた性質などのことである．ただし，これは未だ確定的ではなく，「獲得形質は遺伝する」と主張するラマルク派の進化論を奉じる人もいる．現状ではダーウィン説が主流とされているのでこれに従うことにする．

　学習が遺伝しないことは，学習のように後天的な構造変化は次の世代に引き継がれることはないことである．世代が変わると親の学習結果は失われ，子は学習による環境適応を初めから行わなければならない．

　しかし学習は，遺伝に比べると短期間ではるかに多様な変化を生む．知能化メカニズムは生体の置かれた環境に適合するように変化してきたと述

べた．後代の，知能レベルの進んだ人類は学習的に得た結果を残したいと考えたに違いない．共同体をつくって共通の知能を共有することを覚えた人類は，学習結果を共用の知能として記憶としてきた．このようにして人々は脳内記憶の外に，初期には粘土板，石材，木材，竹材などへの記録を通して，後期にはさらに多様な記録媒体を通して学習結果を保存してきた．これは進化ではなく文化の継承である．人類は継承されてきた文化を通して，先人の見いだした知能を会得した．

　文化としての知能はこのように世代を超えて継承されてきたが，これが可能になったのは文化を継承する潜在的機能をすべての個人が持っていたからであろう．この部分は機能の遺伝的継承すなわち進化に待つほかない．このような進化は，可能であるとしたらネアンデルタールの時代と考えざるを得ない．しかしこのあたりの状況は推測の域を出ない．

1.3 / 知能への期待

問題解決

　ここまでは主として知能の構造的側面を議論してきたが，知能の本質を理解するには知能の意義あるいは知能の果たす役割を明確にしておかなければならない．結論を先に述べるなら，知能はそれを持つ主体の**意図の達成**あるいは**問題の解決**に役立つがゆえに発達してきたといえる．意図がいかにして満たされるかを知ることはすなわち問題を解決することである．問題解決として解が得られたときは，意図が達成されることを示す．

　知能とは深淵なものであって，このような割切り方をすることには異論があるかもしれない．人間の機能である以上，知能に感情やモラルなど，問題解決のような直接的な目的を超えた要素を無視することができないとする考え方もあるからである．しかし本書であえて問題解決にこだわるのは，問題解決としてこれまで人工知能などで扱われてきた問題は極めて限定的なもの，くだけた言い方ではやさしい問題であり，人間社会にあって

ほとんど役に立たないものであったからである．これでは，問題解決には人間の世界で遭遇する多様な問題の入り込む余地がない．例えば問題解決で扱う対象は明示されていなければならなかった．現実にはこの条件を満たさない問題解決はいくらもある．一般の問題解決ははるかに広い形式の問題を含むことを5章で述べる．狭義の問題解決を**規格型問題解決**，その枠を超えた，より自由な形式の問題解決を**自由型問題解決**と呼ぶ．これら自由な形式の問題解決を経て初めて感情やモラルなどの領域に知能行為が入る余地ができる．規格型問題解決を超えた問題解決については第5章を参照されたい．

1.4 / 外界との関わり

意味言語とコミュニケーション言語

知能化メカニズムの第2段以降は記号を基盤としている．記号を構造化したものはすなわち言語である．このことから第2段以降の知能化メカニズムの基盤を言語と称した．特に第3段階はこれが顕著で，意味に関わるものとして意味言語と呼んだ．

言語という表現を使っているが，これは日本語，英語，フランス語など，いわゆる自然言語とは異なる．最も大きな違いは，それぞれの言語の機能にある．「意味言語」は目には見えない知能を**目に見える形で表す**ための言語すなわち**知能の可視化**のための言語である．一方，自然言語の本来の目的は，異なる個体同士のコミュニケーションを可能にすることである．コミュニケーションとは意味を**伝達**することである．

意味とは何か

意味とは何か．一般の動物については，種として存続することが生物として最も重要な存在意義である．したがって生存に関する諸機能が生物における意味である．この単純明瞭な目的から発し，後には記号によって個々

の主体ごとの興味や環境に従って外界から得られる概念などが加わり，扱う意味の範囲は広がった．この広がりは個体ごとに異なる．単純・素朴な生存としての意味のみで生きる動物にとって，意味言語の構文規則は単純なもので済むが，より複雑な意味を扱う個体にとってはそれでは不十分で，複雑な表現の可能な構文規則を持つ言語が必要である．外界から取り込む意味情報により意味の世界は個体ごとに異なる．

　一方，共同体内で使われるコミュニケーション用の言語は，すべての個体に対して共通でなければならず，その共同体内で扱われるすべての意味（可能性を含めて）を表せるように，広い範囲をカバーするものでなければならない．共用性が増すとともに言語としては普遍的で厳密な構文規則が必要になる．ここに意味言語とコミュニケーション用言語の違いがある．

　普遍性を追求することによって，自然言語研究は言語の形式化を追求するようになる．生物進化の最終段階にある現代になって，言語の形式化を研究目的とし，意味を排除する言語学が発達した．およそ200年ほど前である．

意味言語

　進化によって人類が現れ，生存の意義が複雑なものに発展し，記号による表現方式が生まれた（第2章参照）．初期の意味表現は単純なものであったが，しだいに形式面で複雑化が進んだ．進化段階も後期の「意味言語」は原始的な生存過程のみならず，思考過程のように知能的に拡大された意味を表すことができる．この意味の拡大が知能進化である．生体態構造と初期の記号言語，異なる進化段階で表れたこの二つの意味の表現形式は表面的には全く異なるが，どちらも生存の意義を表すものである点では同義である．人工知能のように，現代の知能を対象とする議論では，記号によって高度化した知能を表す言語が中心となるので，意味を表す記号形式に重点を置くが，知能化メカニズムを形成する表現形式を，生態構造も含めて「意味言語」で代表することにする．

翻訳—意味言語の外化と自然言語の内化

　意味言語と自然言語は別種であるが，相互に密接な関係にある．一方は意味を表す言語であり，他方は意味を伝える言語であるから当然であり，相互の間で変換（翻訳）が行われることにより，個別的な意味が他者に伝えられる．これは意味言語を自然言語に変換する言語生成と自然言語を意味言語に変換する言語理解である．意味言語から見て自然言語は外界にあるから，前者は（意味言語の）外化，後者は（自然言語の）内化と呼ぶことにする．

　自然言語は（共同体内の）すべての意味言語に対応できなければならないから，言語構造として個々の個体の持つ意味言語より広い範囲の文構造を扱えるのは当然であるが，人間社会がより熟成するにつけて，同一の意味表現に対応するコミュニケーション言語としての自然言語の表現が環境に応じて多様になっている．例えば前述の例文「鷹が飛来したら野兎は巣に逃げ帰る」は自然言語の表現の一つであるが，これを「鷹が来た．逃げろ」としても意味は変わらない．前後の状況からそのほかの言い方もいくらもある．表現の仕方によって環境がもたらす緊迫感が異なる．外化に際してこの意味言語の表現の本質を変えない範囲でさまざまに修飾して表せることが言語化の面白さ，特徴であり，言語問題の多くの議論がここに集中している．

　自然言語の表現の意味が意味言語と同じであるかは，前者を内化したとき，同一の（標準的な）意味表現に落ちるかどうかで定まる．

言語学

　19 世紀に入って，それまで組織的な研究がなされてこなかった言語（自然言語）に関心が向けられ，ソシュールをはじめとした言語学者が言語研究を科学分野のものとするべく活躍した．言語論を徹底して形式化することを試み，言語研究を科学とすることを人々に認めさせた．反面，言語の生成に関しては議論を排除した．

　現代において言語学に最も大きな影響を与えた A. N. チョムスキーは，

すべての人間は生得的に共通の普遍文法を持ち，ここで言う外部言語である自然言語はこの普遍文法から生成規則と呼ばれる演繹的な方法によって生成されること，普遍文法は人間の持って生まれた（生得的な）ものであり，生物的に備わった機能であるとする説を主張した．しかし，チョムスキーは普遍文法の成り立ちには触れず，生得的であるとして終わっているが，共同体内のすべての個体の持つ「意味言語」を含む共同体としての意味言語は，まさにこの普遍文法に当たる部分といえる．また外化はこれから生成文法の適用によって形式化された言語，自然言語を生成することに相当する．

　原理的にはともかく，現実にはすべての人が完成された自然言語を生成するだけの意味言語を普遍文法として備えているわけではない．意味言語は個人に属するから，その記述力は個人の能力に依存する．個人的能力が低いとき，意味言語の外化の範囲は自然言語の一部であり，意味言語から生成することのできない自然言語表現があり得る．逆に共同対内の全個体の共有特性としての普遍言語が完成され，それに基づいて外部言語が言語形式を含めて形成されているとしたとき，個人としては表現できていない知能活動を，形式の整った外部言語によって表現することもある．この場合は外部言語から示唆される意味言語を通して知能の開発が行われることもある．これが大多数の人の現実かもしれない．

認知言語学

　知能論に関する議論で中心となるのは「意味言語」であるが，外部言語との関係は常に意識しておかなければならない．知能の判定条件とも言うべき問題解決能力は，問題自体は外部言語で与えられたものが内化され，意味言語に基づく知能化メカニズムによって解決され，結果が外化される，という形を取るからである．

　近年，形式論のみでは言語の主目的である意味の処理が十分になされないことが指摘され，意味と形式の関係を明らかにすることを目指した認知言語学が人々の関心を呼んでいる．

　知能論としては，基盤としての意味言語を明らかにすることが第 1 優先

である．外部言語との関係すなわち外化や内化は主として言語学の主テーマであり，膨大な関連情報がある．これに関わることは屋上屋を重ねることであるから，本書では立ち入らない．

1.5 / 知能化メカニズムの諸様相

知能化メカニズムの機能

　一般生物あるいは人類は各個体が自己の知能化メカニズムを持つ．知能化メカニズムを持つ主体を「知能主体」と呼ぶことにしよう．各「知能主体」はそれぞれの知能化メカニズムに従って知能活動を行う．知能活動とは何か．ここではそれを，知能化メカニズムに基づいて「知能主体」が目的（あるいは意図）を達成する方法を見いだすことであるとする．「知能主体」の個体差は言うまでもないが，進化の各段階においても異なる知能活動が行われた．特に進化の最終段階で多様な知能活動が行われるが，その基本は問題解決である．目的の達成すなわち問題の解は複数の遷移知を組み合わせることによって表される．

　上述したように，知能化メカニズムの基盤が「意味言語」である場合，求める解は遷移知によって得られるが，最終的には複数個の要素知を相互に関連付けた構造によって表される．例えば「ソクラテスは死ぬか？」という問いの形で問題が与えられたとき，この「知能主体」の知能化メカニズムが，「ソクラテスは人である」，「人はすべて死ぬ」という要素知を持っていれば正しい答えが得られる．この問題解決の発展形として，思考のようなより高度な知能活動が表される．これについては 5.2.3 項で述べる．

　このように解を構成する知能情報を見いだし，構造化することにより目的が達成される．知能化メカニズムには生成できる知能活動に応じて対応できる問題の範囲がある．そこで各知能化メカニズムごとに

【1】基本形式とそれに基づく知能表現

【2】対象とする問題の範囲

【3】 問題の解の表現法

【4】 解の生成方式

を明らかにすることができれば知能の働きがはっきりする.

1.6 / 知能をつくる細胞組織

生命体―生命の持続を可能にするもの

知能は機能の一つであり，それは「物」＝生命体によって実現される，とした．知能を生み出す元となった生命体とは何であろうか．生命体について最も重要な点はこれが細胞組織でつくられ，生命の持続を可能にするものであることである.

生物とは環境に応じて，種としての生命活動が永続的に続く，実体のある「物」とする．生命活動を維持するために，あらゆる生物は環境に合わせて行動することが必須である．それを実現するうえで主役を演じている「物」は脳である．したがって，脳によって生命構造がつくられている原理を最小限度知らなければならない.

人間の脳は大脳，間脳，脳幹，小脳などの大きな部位から構成され，脳幹はさらに中脳，後脳，延髄に分類される．これらの各部位はさらに小さな部位に展開されていく．各部位は固有の働きをする．例えば大脳は脳全体の中で最も大きな部分を占め，知覚やその分析，思考，記憶，神経伝導路などの働きを司り，小脳は知覚と運動機能を司る．脳幹は脳と脊髄の間にあって脳で処理された情報は脊髄を通して体の各部位に伝達される，などである.

言うまでもなく人間の脳の働きは極めて複雑で，その全貌を知るまでにはまだ多くの時間が掛かるであろう．原始的な生物では脳の構造は単純であるが，それが環境に合わせて永続的に生命活動を続けるうえで主要な役割を果たしている点は原始生物でも人間のように高度化した生物でも変わらない.

ニューロン

　脳の各部位の末端でそれぞれの機能を果たしているのがニューロンと呼ばれる神経細胞である．その代表的な形態は**図 1.6** のようなものである．ニューロンは物理的には生体内でいくつかの脳細胞から構成され，多数の微弱電流路を持つ細胞組織である．その中での電流の流れ方によって固有の機能を実現している．ニューロンの働きは，外部からの（一般には複数の）信号が樹状突起から取り込まれる．それら複数の外部信号はニューロン内で固有の方法で処理（変換）される．この処理結果が軸策を通り軸策終末から次のニューロンに送り出されるという方式でニューロン同士が結合されていく．

　各ニューロンは内部での処理内容に応じて固有の機能を果たす．複数個のニューロン同士が上記の結合法によって相互に結合され，その結果，網状の構造が形成される（**図 1.7** 参照）．

　機能の異なる個々のニューロンが組み合わされることによってこの網状

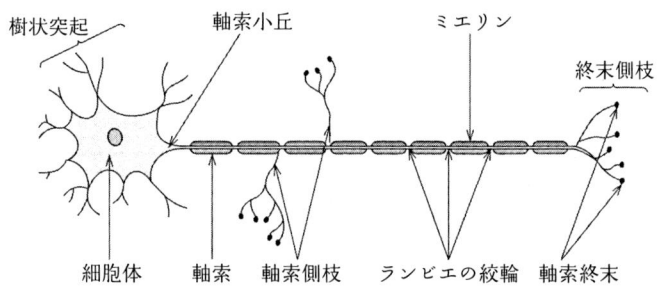

図 1.6　ニューロンの構造

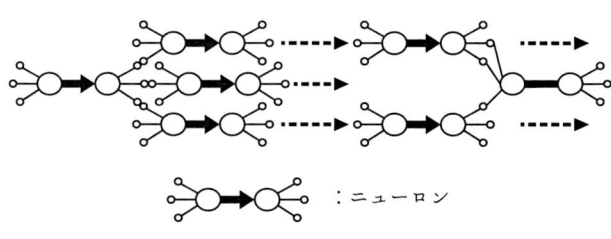

図 1.7　ニューロンの網構造

構造は全体として意味ある機能を発揮する．意味ある機能とは，この網構造が環境に適応した振舞いをし，その振舞いが，例えば生命維持に必要な機能を果たすことである．

　そのようなニューロンの塊が多数集まって全体として脳を形成している．脳の働きとは，このような個々のニューロンの複合体が全体としてつくりだす機能である．これによって生命活動のすべてが実現されている．

ニューラルネットワーク

　もし生命現象をニューロンレベルの「物」で細部まで説明できれば「物」から知能への厳密な科学的説明ができるが，ニューロンの真の姿はまだ十分に解明されているというわけではない．脳の構造と機能については近年の脳科学や医学，心理学，生命科学，分子生物学などで明らかにされつつあるが，これらミクロなレベルで生命現象や知能についての説明ができるのはまだ先のことになるであろう．そこで本書ではもう少しマクロなレベルのモデルで生命維持機構および知能の発現過程を表現する．

　たとえ「物」の細部の振舞いは未知であっても，生命構造という大きな「物」（複合体）と「知能」ならびにそれに関連して「言語」と呼ばれるさらにマクロなレベルの機能が存在することは，事実として観察されていることだからである．以下それを中心に述べる．

　複数のニューロンからなる網構造は構造的に複雑で扱いにくい．これに代わり，個々の網構造を（マクロな）単一の「物」の形式で表すことを試みよう．このマクロな「物」の入出力条件とこの「物」の機能の関係が元の網構造と同じであったら，複雑な網構造をこの単一の「物」で置き換えたモデルをつくり，このモデルで機能分析を行うことができる．この「物」と機能の関係を数学的に表現することによって人工知能化も進められる．

　このモデルはニューラルネットワークと呼ばれ，外部からの刺激（情報）の受口（入力ノード），外部への情報の出口（出力ノード），この間を結ぶ中間の経路からなる**図 1.8** のような構造をしたものである．

　入力ノード，出力ノードとも複数個あり，中間部はこれらを多数の線で結ぶ．入力ノードが複数あることは，ニューラルネットワークに外部から

の多種の入力が入って複合入力となり，出力ノードが複数あることは，多種の外部装置を同時に刺激することによって複合動作を行わせることを表している．

　例えば哺乳動物についていえば，入力は外界の視覚，聴覚，嗅覚など，それぞれ固有の検知・認識機能からの複合入力であり，行動機能も多種類の単純行動の複雑な組合せとして複雑な行動が実現される．

　中間部はこの両者を結び付けるもので，一般には複数の中間層が中間ノードによってつくられ，中間ノードを介して入力層–中間層，中間層同士，また中間層–出力層間でノードが結合されている．中間層の数はあらかじめ定められているのではなく，問題に応じて適切な構造がつくられる．中間層の数が複数のものを多階層ニューラルネットワークと呼んでいる．ニューロン同士は,実際の細胞では情報伝達物質と呼ばれる物質（ドーパミン）で連結されているが，モデルでは電流路を表す結線で結ばれものとして単純化する．この結線は電流の流れやすさを表すパラメータを持つ（w_1, w_2など）．この構造と構造内全域にわたるパラメータの分布によって，回路内の複雑な電流の流れ方が定まり，ニューラルネットワークの全体の特性が定まる．ニューロンで形成される網構造が複雑になるほどこのモデル構造も複雑になる．このモデルはニューロンで形成される網構造の振舞いを良く表すと考えられ，人工化に際して標準的モデルとされている．この構造は極めて表現力が高く，進化に伴って生じる各種の「生命構造」の変化態様を表現できる．

　図 1.5 の知能進化の 3 段階を通して，ニューラルネットワークが各段階

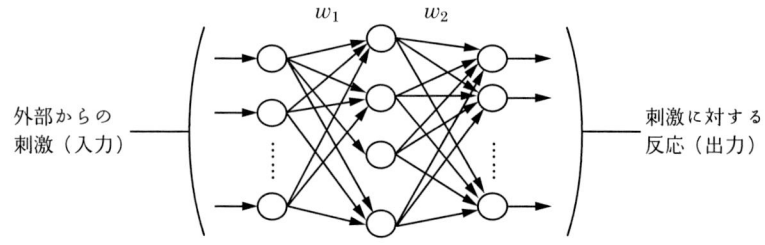

図 1.8　（人工的）ニューラルネットワーク

の知能化メカニズムの機能実現に大きな役割を果たしているが，知能化メカニズムが質的に大きな変化を見せるのに対し，それを実現しているニューラルネットワークの基本構造は大きくは変わらないのではないか．ただその具体的な現れ方が変わり，それが機能面で大きな変化となって現れる．

　これは知能進化にとって重要なことであった．「物」の面での変化は生成に時間が掛かり，試行錯誤がなされ難い．もし機能面での進化が同程度の「物」の面での変化によってのみ起こるものとしたら，知能の発達，それに伴う言語の発達は遅れたであろう．この問題については「むすび―Ⅲ節」で触れる．

第2章 生命の時代

[知能化メカニズムの基盤＝生命構造]

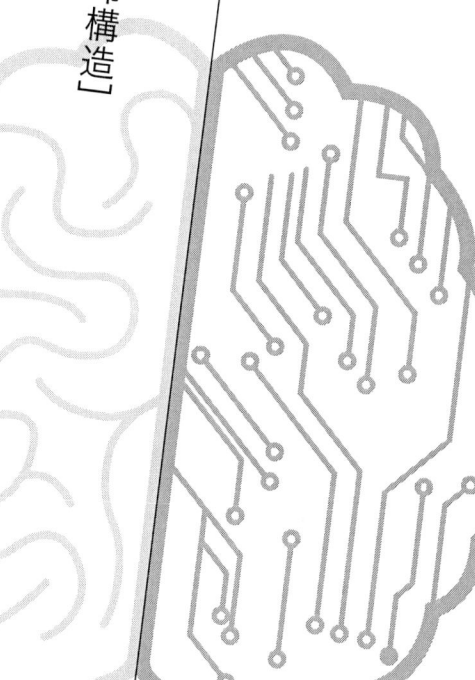

生命＝種の持続

　知能進化の第1段階は，「生命を維持する組織」による生命維持のための知能形成の時代とする．生命の存在しない太古の世界には知能の存在は考えられない．すなわち，知能は生命あるものの固有の機能である．

　生命の定義は，同一生物種が永続的に存在し続けることである．これはどのような生物種，例えばアメーバや蜜蜂，象でも同様である．しかし，単一個体が永続的に生き続けること，すなわち個体の不老不死は実現が困難である．これに代わるものとして個体が自分と全く同じ個体を自律的に再生産する能力で種の永続性が保たれてきた．

　これは生殖能力に依存し，交配がなされなければならないが，交配は偶然に支配され，その偶然に遭遇するまでは個体としての生命を永らえなければならない．このために個体維持の基本能力として，餌を捕獲する機能その他が必要である．現存するすべての生物種，あるいは不幸にして絶滅したものの，過去において少なくとも複数代続いた生物種はこの2種の能力—生殖能力と採餌能力—を備えていた．

　これらの能力が正しく発揮されるかどうかは，自然環境に支配される．言い換えれば，自然環境に適応してこの2種の能力を発揮し得たもののみが生存を保証された．

生命維持の構造—生命構造

　生物は実体のある「細胞」という特別な「物」の構造に基づいて生命を得た．生体は全体として複雑な細胞組織からつくられているが，生命の中核をなす構造がある．それは生命の本質部分を担っている基本的かつ普遍的な細胞組織で，置かれた環境からの情報を得て，その中で生命を維持するように働く．これを以下「基本生命維持構造」あるいは単に**生命構造**と呼ぼう．本書では，この生命構造によって生命と同時に初期の知能が生み出されたものとする．

　生物の進化とは，この生命構造が進化して新しい機能を持つようになることとするので，生命構造の原型が第1段階の知能化メカニズムである．

図 1.5 の左方の知能化メカニズム 1 はこの生命構造を念頭に置いている．生命構造からどのようにしてより進んだ知能が発現したかを知ることが第一の課題である．

生命構造から生命が生じ，同時に知能が生まれたとする考え方では初期の原始的生命体にも知能があるということになり，それを認めるかどうかは定義の問題になってしまうが，本書では，生命構造は限られた範囲ではあるが個体間の通信を実現し，それが次の時代のより進化した知能化メカニズムに発展する基になっていること，生命構造に基づいて生命が進化し，その先に「人間知能」があることから，人間以前の生物にも知能に相当するものが存在したものとする．

もちろんこの知能は後に飛躍的進化を遂げた「人間知能」には遠く及ばない．そこで人類以前の一般生物段階での知能を「生物知能」と呼んで区別しておく．**図 1.5** で「知能化メカニズム 1」を生命構造とすると，知能化 1 が「生物知能」である．

生命構造の 3 要素

生命を生み出した生命構造の機能は，環境を認識し，その結果を採餌・生殖行動などに使うことである．この方法には学習機能が重要な働きをする．学習機能については 2.2 節その他で述べる．これによって生存目的を達成することが生命構造を知能化メカニズムとする**第 1 段階の知能**である．

同時に，上述したように，生命構造は限られた範囲ではあるが個体間の通信を実現している．採餌行動や生殖活動では，環境情報に応じて駆動されるのは個体の移動手段のような実行動を行う組織であるが，音声発生器例えば口腔筋肉を駆動することによって音声を発して他者に環境異変を知らせるような機能を多くの生物が備えている．

この個体間コミュニケーション機能は極めて限定的で，例えば「野兎の親が天敵である鷹の接近を音声で子兎に知らせ，子兎はその音声を受け取って巣に逃げ帰る」程度のものに留まっていたが，程度の差はさておき，これは原理的には人間の通信機能と同じである．人類はこれの進化した姿

として言語を創生した．

　前述したように，言語は「人間知能」の重要な知能化メカニズムの基本であるが，生命構造がこのようにしてついには「人間知能」にまでつながっていることからも，生命構造の発祥を知能の発祥としたことの妥当性がある．

　生命構造によって個体の行動とともに個体間の単純なコミュニケーションが実現し，その発展形として言語がつくり出され，「人間知能」が生成される過程は本書で扱う主要課題の一つであるが，それを論じるにはあらかじめいくつかの未だ触れてこなかった課題を明らかにしておかなければならない．

　第1段階知能について言えば，生命構造から生成される知能が生物の知能活動の範囲を定める．すべての生物種に共通してあげられるこの生命構造の機能は，**環境情報に応じて採餌活動や生殖活動のような実行動を起こすことによって生命を維持することと，原始的な個体間コミュニケーションを行うこと**である．後者の実用的効果は限定的であるが，これが**図1.5**において第1段階の知能化メカニズム1から次の第2段階の知能化メカニズム2に発展する橋渡しとなったことの効果が大きい．第1段階の知能はここまでで，生物はこの範囲内の知能活動で生存するが，これ以上の発展的要素はない．

　人以外の生物の知能も生物種によって異なる．先に野兎の例をあげたが，これより進んだ知能を持った生物種も数多い[ア 18]．しかし進化段階でこの後に来る人間種の知能に比べれば大同小異といって良い．以下では生物種の代表例として先にあげた野兎の例を用いる．

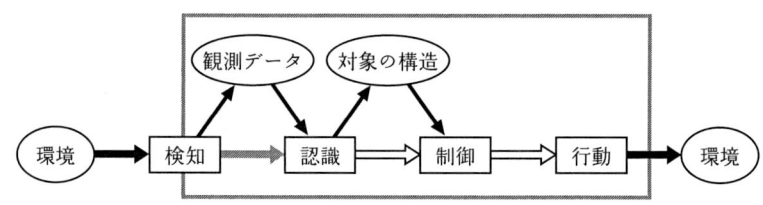

図 2.1　生命構造の原型

上の機能を果たすために生命構造は大きく三つの異なる要素からなる（**図 2.1**）．環境情報を取り込む機能，目的を達成するために行動する機能，この両者の間にあって環境情報と行動機能を結び付ける機能，である．それぞれ**検知・認識機能，行動機能，制御機能**と呼ぼう．**図 2.1** はこれを示す．

検知機能は外部環境からの情報を観測データとして生命構造内に取り込み，認識機能はこの観測データから対象とする物の構造や状態などの情報を見いだす．この二つの機能を併せ持った機能が検知・認識機能である．制御機能はこの対象情報から行動情報を生成する．行動機能は制御機能からの信号に応じて実行動を行う．

2.1 生命構造の各部機能

2.1/01 検知・認識機能

環境認識

生命維持に必要ないくつかの基本機能の第一は環境の**認識**機能である．認識は対象とするものの像を脳内入力としてつくる機能である．認識は大きな概念を表す言葉で，これについては第 4 章で述べるが，ここでの認識は限定的で，あらゆる生命体が持つ，物理・化学的機能に基づく，限定された範囲の認識機能である．これは一般には物体認識，特徴認識，行動認識など，生命維持に必要な多種類の入力を扱う複合入力機能である．

認識は個体の脳神経系内に固有の方式で対象の脳内イメージをつくる．例えば認識対象とする物体に対応して「物」のイメージをつくる．「物」のイメージをつくるとは，物の形や性質，他の「物」との関係など，後に続く知能的行為にとって必要な情報を抽出し，表現することである．認識すべき対象が複数あれば複数の対象イメージがつくられる．

認識は脳細胞によって行われるが，認識される対象はこの知能主体にとって外界にあり，対象ごとに固有の形態・性質・動作パターンを持って

いるから，主体はまずそれらを認識機能が扱える形式の情報として取り込まなければならない．そのため個体ごとに対象を**検知**する特有の器官が必要であり，すべての生物はその個体の生存目的に合った固有の検知器官を持っている．

これは外界の対象に応じて脳細胞内に微弱電流を生成する器官で，例えば人間の視覚器は目の網膜に投影された光の像を電流に変えて脳に送る．同様に聴覚器は音声を電流に変えて脳に送る．これが**検知**で，この電気信号に基づいて脳が対象を**認識**する．以下，この検知・認識機能を果たす器官を**センサ**と呼ぶ．

センサは種によって異なる．例えば原始的な生物では，水中で水の流れを検知・認識したり，水圧を検知・認識する，あるいは特定の化学特性を示す物質を検知・認識するなどであり，人や哺乳動物のような高等生物では視覚，聴覚，触覚，嗅覚，味覚などいわゆる五感による検知機能と認識機能である．このように主体の生存環境・生物種に応じてさまざまである．

認識の対象は「物体」の存在のみでなく，物の性質や動作，相互関係なども認識対象になる．これらには異なるセンサ装置が対応する．これら個々の脳細胞組織の対象イメージが組み合わされて複合的な対象イメージがつくられる．

認識は後述する制御の一部とともに学習という，生物にとって極めて重要な機能のもとで行われる．生命構造の検知・認識機能は生理的な検知・認識装置で行われ，その機能は生物の生存上必要な最小限の範囲に留まる．もし何かのきっかけでこの機能が強化されたらその生物の認知能力が増し，生態は変化するであろう．しかし，日常生活の範囲では検知・認識機能を変える積極的な理由はなく，ひとたび検知・認識機能が固定した生物の生態系はほぼ不変のまま留まる．

2.1/02　行動機能

行動：外界への働きかけ

第二に生物は認識結果に基づいて何らかの行動をする．それには行動す

る器官としての脳・神経系組織と実行動器官が必要である．これを**モータ**と呼ぶ．

　モータは，単純な生物では繊毛を動かす程度，高級な生物では電流を加えると筋肉が収縮し，これにつながった関節を動かすような機構とそこに電気的刺激を与える神経系である．センサとともにこれらは遺伝によって誕生時に形づくられ，生物種ごとに固有のものとして受け継がれている．

　生物はこれら神経系の機能の範囲内で独自の行動形態を形づくっている．例えば電流によって収縮する筋肉細胞は電流で刺激されると収縮が生じ，外部環境に働きかける「行動」を起こす．行動機能には手足を動かすような実行動部と，記号（音声）を発する口腔駆動部があり，入力の種類に応じてどちらかが選ばれて働く（**図 2.2** 参照）．

2.1 / 03　制御機能

制御—認識を行動に結び付ける

　生命構造内で検知・認識機能と行動機能の間にあって，これら両機能を結び付け，全体として生体が環境に適応して行動するという目的を達成するものが制御機能である．このために生命構造は学習という能力を備えており，これが大きな力を発揮する．学習とは環境情報に基づいて自己の組織を望ましい方向に自律的に変えていく機能である．学習は生物にとっては不可欠である．この理由を簡単に示しておこう．

　生物では生殖によって生命の基盤たる生命構造の再生産が行われる．生殖では親の遺伝子のコピーを受け継ぐことによって子は親と同形の生命構造を持つ．しかし，遺伝子のコピーで受け継がれるのは親が持っている生命構造であり，これが常に子にとって環境に適応する望ましい生命構造であるわけではない．

　親の親から親が遺伝子を受け継いだときから，子がその親から遺伝子を受け継ぐまでに 1 世代分の時間差があり，その間に環境が変化してしまっているかもしれない．そのため子は誕生後生命構造を自己にとって最適なものに変えなければならない．それができなければ生物は淘汰されてしま

うが，遺伝子レベルではそのような変化する環境に対応できない．

このような環境の変化に適応することが学習であって，親から受け継いだ生命構造を修正することである（2.2 節参照）．学習能力は生命構造自体が備えているので，遺伝子によって親から受け継がれる生命構造のコピーにも当然含まれる．子の世代は生命誕生後この学習能力によってその時点での環境に適した生命構造を自らつくり上げる．

学習は前記のセンサによる認識機能にも必要とされる．学習が行われると，その実体が置かれた環境のもとで適応的な行動様式を実現する固有の生命構造がつくられる．

生物が高度化するとともに生存圏が広がって，多様な環境に適応するようになる．同一生物種の内部でこれら多種環境に対応してそれぞれに固有の生命構造がつくられ，全体としてこの生物は多様な環境に適応することができるようになる．このような多種類の生命構造の蓄積は適応行動の記憶であり，このもとで生命活動が行われる．

この全体としての活動が「生物知能」である．生命構造は**図 2.1** に示したとおりであるが，以後これを機能中心に**図 2.2** のように表す．前例であげた野兎の「生物知能」はこの生命構造のもとで全体として以下に示す知能的行為を実現してきた．天敵である鷹の襲来に対して野兎の取る回避行

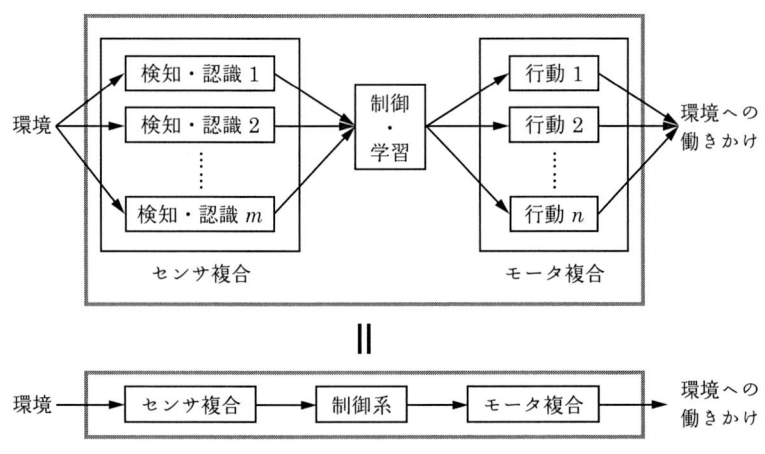

図 2.2　生命構造簡略表現

動を参照して表す.

> [A1] 環境に応じて生存行動を行う（例えば「鷹が飛来したら巣に逃げ帰る」）.
>
> [A2] 環境情報（例えば「鷹が飛来した」）を受けて発信者は音声信号を発信する.
>
> [A3] 音声信号を受信して，受信者は前もって定められた行動をする.

これが生命構造を知能化メカニズムとする野兎の知能である．生命構造の本来の機能はセンサ機能と行動機能が連結した（A1）であるが，この形態で満たされない状況に遭遇して（A2），（A3）の形態が生み出された．この実用的効果は，親の合図で子が巣に逃げ帰る程度に単純なものであるが，これが**図 1.5** において第 1 段階の「知能化メカニズム 1」から次の第 2 段階の「知能化メカニズム 2」に発展する橋渡しとなったことの効果が大きい.

　この知能化メカニズムのもと，1.1 節であげた知能の定義を当てはめると，

> 　**【1】表現形式は図 2.1 の生命構造そのもの**
>
> 　**【2】扱える問題の範囲および【3】問題解決は上記の [A1], [A2], [A3]**
>
> 　**【4】処理法は生命構造としての「細胞組織」の自律的な分散型活動**

ということになる.

　生命体が哺乳生物から人類へと進化したのに伴って知能化メカニズムも進化した．この過程を推測することによって次に来る「原生言語」の形態を想定するが，その準備として生命構造での機能の表記法を簡略化しておこう．先にあげた野兎の例において，[A1] ～ [A3] が，兎が現実に行っている知能行動である.

認識に基づく実行動

　[A1] は子兎が自ら天敵の鷹を検知・認識して巣に逃げ帰る場合で，センサ情報（鷹が飛来する）に基づいてモータを駆動し，実行動（巣に逃げ帰る）を行う基本動作である．まずこの基本動作から始める.

ここでセンサは対象物（鷹）とその行為（飛来する）の複合形を検知・認識している．そこでこの対象物を S，その行為を V と略記することにする．一般生物の場合，S と V は別個の異なるセンサからの信号である．これが**図 2.2** のセンサ複合を形成する．

　生物にとっては行動に結び付けることが意味であるから，S（鷹）や V（飛来する）は単独では意味をなさず，これらが一体となった複合形「鷹が飛来する」が意味を持つ．これを $S \cdot V$ と表そう．中黒・によってその左右の概念を一体化して扱うことを表す．これがセンサ複合からの複合入力である．一般に意味を持つ（行動に結び付く）のは複合入力である．

　一方，センサ情報に基づいて，「知能主体」である兎がとる行動は自らが巣に逃げ帰ることである．この行動も例外なく，主体（この場合「知能主体」自身）とその行為（巣に逃げ帰る）の複合形が意味をなす．これを「知能主体」S^* とその行動 V^* とし，その複合系を $S^* \cdot V^*$（自身が巣に逃げ帰る）と表す．＊印は「知能主体」自身に関わる表記とする．

　このセンサ複合，モータ複合を意味あるものにしているのが**図 2.2** の制御系で，知能の基本である「意味ある情報」がここで生み出されている．このときの生命構造の働きは，**図 2.2** の簡略形

[A1]　$S \cdot V \;\Rightarrow\; S^* \cdot V^*$　（環境情報を受けて対応する

行動をとる＝A1）

で表される．⇒印の左側の項はセンサ情報を，右側はモータ情報を表す．したがって ⇒ はこの両者を結び付ける制御系の働きを表している．

記号化

　子兎が自ら天敵の検知・認識を行えないとき，親兎は自らが認識した環境を子兎に伝える努力をする．これはセンサ情報に応じて，生理的に喉唇を震わせるという行動を実行することである．

　この結果生じるのは単純な音声すなわち記号である．この記号にはそれがどのような環境変化から生じたかを表す情報（すなわち $S \cdot V$）は含まれていない．親兎は単に $S \cdot V$ に対応付けて記号を発信するのみである．これが［A2］の機能である．記号にはそれから直接行動を起こすような

意味は含まれない．意味に結び付けるにはこの記号から，この記号を生み出した元の情報すなわち $S \cdot V$ への変換を行えればよいが，兎の場合，それはなされず，記号を受けたものが記号から直接 $S \cdot V$ 入力に対応する自己の行動系を活性化することで実現している．これが [A3] の機能である．

ある情報 X を記号化することを C_X と表すことにする．下付きの X はこの記号が対応する元の情報を表す．上の例では X は $S \cdot V$ であるから記号は $C_{S \cdot V}$ である．

実は $S \cdot V$ はセンサ複合の簡略形で，例えば認識すべき対象物が二つあり，意味としては $S1 \cdot S2 \cdot V$ のようなものや，行動の目的 O を含む $S \cdot V \cdot O$ もあるが，表現の煩雑化を避けるため $S \cdot V$ で代表している．注目すべきは，これらはいずれも言語における単文（動詞を一つだけ含む文）であること，それが知能の基本単位であることである．これにより [A2]，[A3] の機能はそれぞれ

[A2] $S \cdot V \Rightarrow C_{S \cdot V}$ （センサ信号を受けて対応する
音声信号を発する＝ A2）

[A3] $C_{S \cdot V} \Rightarrow S^* \cdot V^*$ （音声信号を受けて対応する
行動をとる＝ A3）

と表される．当然のことだが，[A3] ではセンサに聴覚が含まれる．$S \cdot V$（$S^* \cdot V^*$ も）は対象 S の状態を表し，形としては要素知である．

送受信

野兎の例では，記号化されるセンサ情報は一つのみで，あまりに単純であるが，多くの生物は何通りかの識別可能な音種をもっていて，意味のある複数のセンサ入力にそれらを割り当てている．

表 2.1 情報－記号対応表

センサ	記号
$S1 \cdot V1$	$C_{S1 \cdot V1}$
$S2 \cdot V2$	$C_{S2 \cdot V2}$
…	…
$Sn \cdot Vn$	$C_{Sn \cdot Vn}$

ある生物が n 個の識別可能な記号（音声）を発することができるとしよう．これにより $S1 \cdot V1$, $S2 \cdot V2$, …, $Sn \cdot Vn$ のような n 個の異なる環境情報を識別できる．これに対応する記号（音声）は $C_{S1 \cdot V1}$, $C_{S2 \cdot V2}$, …, $C_{Sn \cdot Vn}$ である．このとき発信者の知能化メカニズムは $Si \cdot Vi$ に $C_{Si \cdot Vi}$ を対応付ける対応表（**表 2.1**）を脳細胞内に持ち，それを通して

[A2*]　$Si \cdot Vi$　$\Rightarrow$　$C_{Si \cdot Vi}$

の記号化を行っている．この記号化が進化過程の次段の「原生言語」の起点をなす（第 3 章参照）．

これを受ける側の「知能主体」はこれを自己の行動に結び付ける．

[A3]　$C_{Si \cdot Vi}$　$\Rightarrow$　$Si^* \cdot Vi^*$　（音声信号を受けて対応する
行動をとる＝ A3）

になる．

野兎の知能は終生ここまでの範囲に留まっていた．機構的にはこれより複雑なセンサ複合を生じることができるが，それはなされていない．そのため機能は限定的で，さらなる知能の向上はなされなかった．この状態からのブレークスルーとなったのが，新しい生物種として出現した人類による言語の創出である．言語をつくり，知能化メカニズムとすることによって人間の知能の範囲は大きく広がった．

2.2 / 教師あり学習―制御学習

学習の原理

「生物知能」にとって学習は極めて重要な機能である．そこで学習の動作とは何かを述べておこう．生命構造の各部機能は認識系であれ制御系であれ，**図 1.8** のニューラルネットワークによって構成されるとしてきた．その振舞いは内部の電流の流れ方で定まる．この電流の流れ方は経路の電流の流れ方を示すパラメータ w_1, w_2, …, …, などで支配されていた．すなわち w_1, w_2, …, …, などが変わると系の性質が変わる．

学習とは，単純化して述べるなら，これらパラメータの値を自律的に変化することである．制御系の場合でいえば，この変化により制御系の状態が変わると，センサで検知された信号のモータへの伝わり方が変わり，環境へのモータの働き方が変わり，生体と外界との接触の仕方も変わる．

　環境内での行動が変化した結果，この生体が餌を捕るという行動を前よりうまく実現できれば，制御系の働きによって，この系全体で個体の生存という目的がより良く達成されることになる．逆に，もしこの目的を達成する学習機能が十分でなければ，その生物は環境の変化に適応できず，衰退してしまう．そのためすべての生物はこの状態をより良いものにしようと努力する．これが「制御学習」である．この状態を変える方法の良し悪しが学習の仕方にかかっている．言うまでもなく目的に応じて最も効果的に学習する方法が望まれる．

　学習とは広い意味で生体の構造を変える行為である．生体は遺伝子で親から子供へ生命情報が伝えられる．生殖時に親のゲノム情報はコピーされて子に伝えられる．コピーされた親の遺伝子がもたらす遺伝情報が子の生命構造をつくるので，子は親と全く同じ生体構造を持って生まれる．

　ゲノム情報がコピーされるといっても，例えば上述のニューラルネットワークのパラメータのレベルまで同一になるわけではない．ゲノム情報によって伝えられるのは生体の基本構造までである．この構造の末端部の微細情報が学習の対象になる範囲であり，ゲノム情報でつくられた基本構造とともに生体としてより良く環境適応する．

　ニューロン同士は，実際の細胞では情報伝達物質と呼ばれる物質（ドーパミン）で連結されているが，ニューラルネットワークによるモデルでは電流路を表す結線で結ばれるものと単純化する．この結線は電流の流れやすさを表すパラメータを持つ（w_1, w_2 など）．この構造と構造内全域にわたるパラメータの分布によって，回路内の複雑な電流の流れ方が定まり，ニューラルネットワークの全体の特性が定まる．

学習方式―教師あり学習

　制御系の機能は個々のニューラルネットワーク内での信号（電流）の通り方で決まると述べたが，学習とはこの信号の通り方を経験によって変えることである．

　餌を得ることが目的であるとき，ある時点で生物がセンサからの環境信号で行動し，その結果，たまたま餌を得ることに成功したとしよう．このときセンサとモータの間にある制御系が，センサ信号に応じてたまたま良い結果を生んだことになる．これは生体にとって好ましい結果であり，次の機会もそうなることが望ましい．

　しかし生物ではすべての生体構造が初めからこのように望ましい状態になって生まれてくるわけではない．初めのうちは成功するか，失敗するかは確率的である．したがって次の機会には失敗することもあり得る．そこでこの成功例を次の機会にも役立てたい．成功したとき（その制御のもとでうまく餌にありついたとき）は，次の機会のために，成功したときの状態が強化されることが望ましい．すなわち前と同様の環境に出合ったとき，制御系内でそのセンサ信号に対して，成功した場合と同じ経路に信号が流れやすくするように回路に修正を施す．

　この方法として，成功した場合には，次の機会にもこの入力端子から出力端子へ信号が伝わりやすくなるように強化する，例えば信号が通った道筋を太くして電気信号が通りやすくする．逆に失敗したときは通った経路を細くして次は失敗しにくくする．これを繰り返しているうちに，全体としての制御系の動作が環境に最も適合したものに近づいていく．これが「制御学習」である．

学習の例

　これを簡単な例で示してみよう．以下はすでに例としてあげた野兎についての生態観察の結果である．野兎は地面に巣穴を掘り，子供が一人前となって独立するまで親子が共同生活をしている．子は親の乳で育ち，乳離れした後，親の餌探しをまね，学習によって餌を得る技を身につけ，個体

として独立の生存を目指す．この間，親は子兎が遠く離れてしまわないように注意し，離れたら連れ帰る．この場合の親兎の「行動」は

（A）　もし子兎が離れた場所にいるなら，子兎を連れ帰る

　　　　もし子兎が近くにいれば，何もしない

　　　　もし子兎が見つからなかったら周辺を探索する

というものである．ここで上記（A）のような表現はあくまで現代流の言語表現によるもの，すなわち「形式」化された表現であり，兎の中でこのような言葉で「意味」が表されているわけではないことは言うまでもない．兎の中でつくられているのはあくまで生命構造であり，この例では**図 2.1**のように表される．

　この生命構造の中の制御系をニューロンで表し，それがいかに学習するかを示そう．**図 2.1** において行動の直接目的である子兎の認識は「物」の認識機構によってなされる．一般に「物」を認識するセンサは多くの生物が備えている．探す対象が遠くにいるか近くにいるかのような「空間内の判別機能」はセンサとしての視覚系が備えている．この事実はニューロインフォマティクスの分野での詳細な研究によって示されている[甘 06]．この両センサの出力の複合形式で「子兎が離れた場所にいるか，近くにいるか」が検知される．すなわち検知・認識機能が

　　　a：子兎が離れた場所にいる

　　　b：子兎は近くにいる

　　　c：子兎が見当たらない

程度の識別をする．これが制御系の入力になる．

　これに対し制御系は，この主体が

　　　入力が a なら連れ帰る，

　　　入力が b なら何もしない，

　　　入力が c なら探索する

と行動するように振る舞えばよい．そのような制御回路が学習的につくられることを示す．これを簡単化して示したのが**図 2.3** の学習過程である．この図は子兎の誕生時（学習前）にはいまだ検知・認識と行動の間には望ましい関係はできていない状態から，それがつくられる過程を示している．

この学習過程を**図 1.8** のニューラルネットワークの最も単純な構造で表したのが**図 2.4** である.

図 2.4 の左図は学習前の制御系の状態を示す. 各線は電流の流路を表す. 小丸は演算装置を表し, 左から入ってくる電流に一定の演算（変換）を施して次の演算装置に送る. この図は 3 種の入力（*a, b, c*）を受け入れる三つの演算装置（a, b, c）があり, このおのおのから右側の二つの演算装置（A, B）に一定の比率で信号を送っている.

図 2.4 の例では, 演算装置 a は演算装置 A, B に比率 x_1 対 x_2 の割合で信号を送る. 演算装置 A には演算装置 a, b, c からの信号が入るのでこれらの和をつくるという演算をする. その結果で演算装置 A は「連れ帰る」という行動系を駆動する. 同様に演算装置 B は「探索する」という行動系を駆動する.

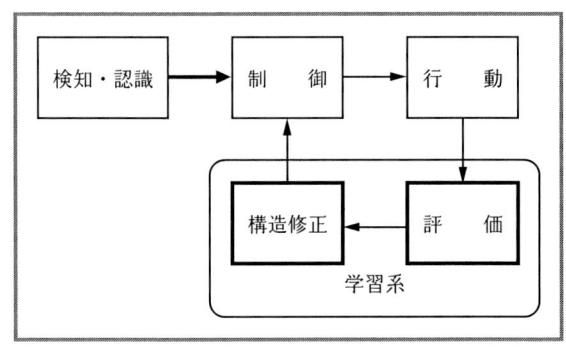

図 2.3　制御学習系

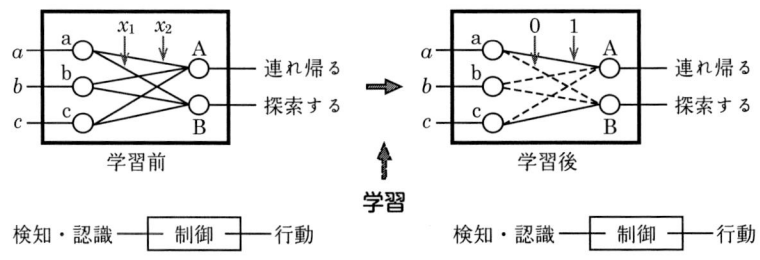

図 2.4　親兎の制御系の学習

入力が a であるときは 100%「連れ帰る」を駆動するのが望ましいが，**図 2.4** 左図の状態では入力 a のうち x_1 の割合でしか正しい判断をしていない．そればかりではない．「連れ帰る」には関係のない入力 b, c にも反応して「連れ帰る」を駆動してしまう．この生理機構内の制御系は正しく機能していない．

　学習はこれを改善する．前述した学習の基本ルール―成功した場合に信号の通った道を太くして次の機会にそこを通る割合を増す，失敗したらその道を細くして次に通りにくくする―をここに適用することにより，これが最終的には**図 2.4** の右図のようになる．細部は省略するが，このように出力側の誤差を前段に戻して修正を施すこの方法は**誤差逆伝播法**と呼ばれている．

　これは説明のために単純化して表しているが，実際にはずっと複雑であり，また具体的な学習方法，例えば結果を見て電流路を変える方法，も目的により異なる．複雑度は，例えば演算装置（**図 2.4** 中の小丸）の数あるいはそれをつないでいる電流路の数のように量的に表すことができる．これは学習系への機能要求によって定まるので，機能が満たされるなら量的には少ないほうが良い．これらを含めて学習系は未だ研究途上にある．

　この結果（A）の言語表現に相当する生命活動がつくられる．すなわち学習結果に基づいて，最終的に a なら子兎を連れ帰る，b なら何もしない，c なら周辺を探索する，のように行動するような結果がつくり出せればよい．

　このように制御学習は生まれたときの状態を，目的とする方向に改善する機能である．最初は全く規則性のない行動をしていたものが，学習によって最終的には望ましい性能を持つように整理され，生存が保証される．

　教師あり学習で特徴的なのは（原則として）1 回の試行ごとにその結果の善し悪しが判定され，それに応じて回路が変更されていることである．これはあたかも学習系を脇から見ていて，試行ごとに学習者に結果を教える教師と呼ばれる者がいるかのごとくにみなす．これを教師あり学習と呼ぶ所以である．

　ここで学習の対象となるのは実在する物や事象のみであり，センサに

よって検出され得るものとして認識された結果であることを心に留めてお
かなければならない．言い換えれば，センサにかからない架空の物や出来
事は対象にならない．実在するものに学ぶから学習であり，結果は当初明
確でなかった実在物の姿が明らかになることである．

第3章
記号化の時代
［知能化メカニズムの基盤＝原生言語］

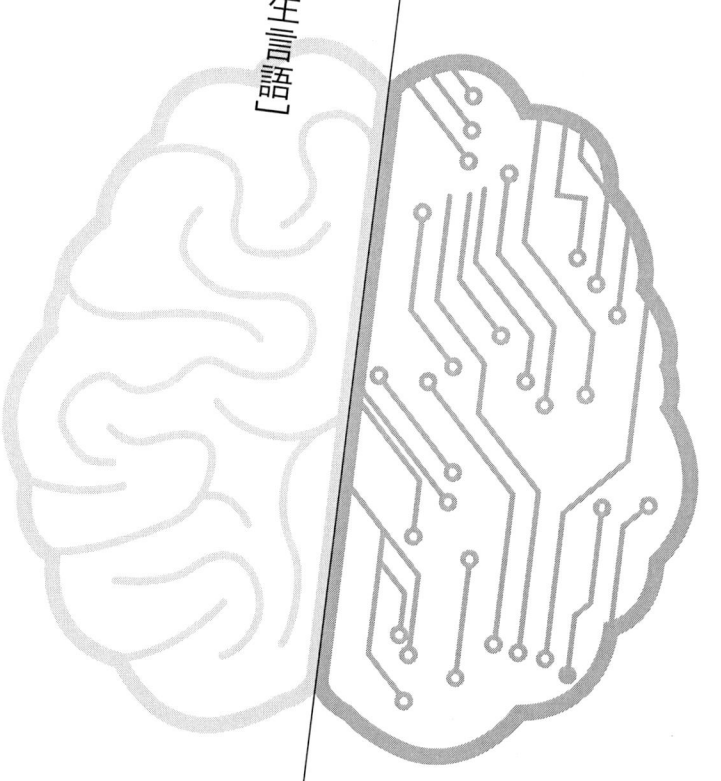

3.1 記号化の始まり

言語の始点―記号化

「生命」に続く知能進化のもとが「言語」である．言語というとほぼ完成した現代の言語，いわゆる自然言語を思い描くが，知能進化の過程で現れるのは人間の知能化メカニズムの基盤として意味を忠実に表す言語である．自然言語に対応する言語として，これを**意味言語**と呼んだ．すなわち意味言語の外化が自然言語である．今日ではその意味言語は充実し，それによって知能活動を表すのに十分な程度に発達したが，ここに至るまでは長い記号化への人々の努力の歴史があった．記号化は言語史上極めて重要な出来事であり，まずその概要を，次いで細部について考察する．以下単に言語というときは意味言語を指すものとする．意味言語は言語として記号化が進んだことによって初めて実現したもので，記号化を成し遂げたのが，意味言語の前段としての原生言語である．

現代の言語は広範囲の概念を表現できる強力な言語である．実在しない未知の対象物の概念すら記述できる．この言語によってつくられる知能と生物知能間のギャップはあまりに大きく，現代の言語が生命構造から一足飛びに生まれたとは考えにくい．知能化メカニズムとして高度な知能を生みだす現代の言語が生命構造からどのような進化をしてきたのか，これは，言語はどのようにつくられたのか，という歴史的な大問題に関わる．

人類はおよそ 400 万年前に樹上生活からサバンナに降り立ち二足歩行を始めた．それまで木の実などを食していた人類は動物を追う狩猟生活に入ることになったが，肉体的能力では動物に対して 1 対 1 で向き合うことができず，協力して狩をしなければならなかった．そのためには共同体を形成し，メンバ相互のコミュニケーション手段が必要であった．それはコミュニケーション言語であるが，1.4 節で述べたように，そのためには意味を表す意味言語があって，それから外化されるものであった．その進化の積重ねがいつかこのギャップを埋めてきた．

言語は一足跳びに現代の言語に到達したわけではない．中間過程として

記号化が不可欠であった．生命の時代に必要に迫られて始めた記号化を人類が生存を賭けて引き継ぎ，長い年月をかけて少しずつ記号言語の原型をつくり上げた．その言語的機能は低いもののこれも立派な言語である．これを**原生言語**と呼ぶ．

原生言語の担い手

原始共同体を形成し，記号化を進めたのは，年代的にはネアンデルタール人の頃と考えられる．ネアンデルタールは今から 10 万年前から 1 万年前にかけて存在した．

言語の進化の過程は少なくとも明確に区別できる二つの進化段階，**図1.5** を参照して言語 1 と言語 2 を経てきた，と推定する．このように分ける理由は，言語の形成過程を推理すると，異なる性質をもつ二つの相に分けざるを得なくなり，またそうすることによって言語進化の過程を，遺伝的進化のようにまれに偶然に起きるもののみではなく，人間の努力の積上げによる必然的な結果として説明できるからである．

言語の段階的発展

この二つの進化段階の言語をそれぞれ**原生言語**と**意味言語**と呼んで区別してきた．この原生言語および意味言語はそれぞれ別個の知能化メカニズムをつくる．そこから生まれた知能を「原始人間知能」と「現代人間知能」として区別しておこう．ただし，意味言語は原生言語からの発展形であるから言語として意味言語は原生言語を含み，同時に意味言語の知能化メカニズムは原生言語のそれを含む．それらからつくられる知能も意味言語が原生言語のものを含むから，知能構造としては意味言語を観察すれば済む．しかし意味言語は原生言語からの発展形であり，形式を踏襲している点で意味言語は原生言語の影響下にある．原生言語の意味言語への影響は，原生言語の文が意味を表す最小の表現，すなわち要素知であり，意味言語の大きな記述力はこの要素知の組としての遷移知の生成力から始まった点に注目する．

原生言語―実体あるものの記号化

　原生言語は生命構造内でセンサ情報の記号化を進めた結果として到達したものであるが，記号で表された世界は個体のセンサで感知されるごく小さな世界の事物あるいは事象である．この段階の記号化は実体あるいは現実の事象に記号というカバーをかぶせるようなものである．

　記号化は知能進化の重要な第1ステップであるが，後に多数の個体に共有され，記号が表す意味の世界が急速に広がった．

　記号生成の行為は生命構造の本来の機能―環境情報に基づいて実行動（例えば採餌行動）する―とは別のもう一つの行動機能である．具体的には $S \cdot V$ という実入力に対して実行動部のモータを働かせる代わりに記号（音声）生成部を働かせることである．このような操作は生命構造の中で一部はすでに行われていたことは前述した．野兎の親は「鷹が飛来した」という事象 $S \cdot V$ に記号（音声）を対応付けて（カバーを掛けて）子に伝えた．種を守るという切実な本能に基づいて，生物が偶然見いだした機能といえる．この効果に気づいた原始人類が，この機能の拡大に努力した結果，記号という表現形式をもつ原生言語をつくり出すに至った．

　センサが認識するのは実体として存在する実対象と実行動のみである．実体として存在しない架空の対象は認識対象にならないから，生命構造内では扱われる対象はすべて実体のあるもの，そして実際に生じた事象に限定される．

　これは初期の原生言語の特徴である．例えば「鷹が飛来した」という出来事は実体（鷹）が存在し，飛来した，という事実があるので生命構造内部でセンサに捉えられ，記号化されて原生言語で表現される．この例のように原生言語の出発点は実体として捉えられる「主語－述語」あるいはたかだか「主語－述語－目的語」程度の文，いわゆる単文である．

　一方，言語としてより進んだ意味言語との違いは何か．簡単な例として，現代文「もし鷹が飛来したら，（主体）は巣に戻る」をあげる．これは二つの単文，「鷹が飛来する」と「（自分が）巣に戻る」からなるが，この時点では「鷹が飛来する」は既定事実ではなく，仮想事象である．したがっ

て生命構造には捉えられず，原生言語では表せない．したがって原生言語にはこれを表す構文規則はない．

　このような複合的な概念を表すための意味言語の構文的特徴は複数個の文を意味的に関係付け，高次の文を生成する点にある．また，意味言語ではこのような架空事象を表す文について推論という処理機能を持つことによって，これを原生言語型の事実表現に結び付ける．意味言語の構文と推論については第4章で述べる．

原生言語への進化の担い手

　原生言語文は生命構造内部で記号化が行われかつ出力されるものであるが，それは要素知として知能化メカニズムをつくり，**図 1.5 の記号化の時代**の知能をつくる．生命構造内の実行動系の機能はそのままで，コミュニケーション系がその分強化されたものである．

　原生言語への進化を成し遂げたのは人類おそらくネアンデルタールであるから，実行動系機能は当時の人類のそれである．原生言語は生命構造から進化したが，この動機は「生物知能」の範囲では環境適応が不十分と感じた原始人類が努力して「生物知能」の未開発機能を開拓した結果，と理解される．具体的には人類がより強固な共同体を欲し，それを可能にするためにより強力なコミュニケーション手段を努力して得たことと解される．

　進化とは細胞レベルでの情報の処理に際して，それ以前とは異質な構造がつくられ，それによって新しい機能が発揮されるように変化する現象である．前章（第2章）で述べたように，細胞レベルで処理に変化が生じるには二つの可能性がある．一つは細胞よりさらに内奥の**遺伝子**情報の偶発的変化によって起こる変異，もう一つは細胞の構造が外部環境に追随するように変化する**学習**機構である．前者は全く偶発的なもので，意図的に望ましい変化を起こすことはできないとされている．可能なのは学習による方法である．生命構造はこのような学習機能を備えており，原生言語の時代は学習を通して言語の記号化の基本概念を確立した時期といえる．

原生言語の二大拡張

　原生言語の特徴といえる二つの大きな拡張形式をあげよう．第一は現代の言語学で形態素と呼ばれる「語」の概念を確立した「形態素表現への進化」，第二は生命構造に新しい機能を見いだし，「複文の基本形式」をつくり出したことである．これらは記号化言語の基本をなす重要な概念である．これらの拡張の過程は推測に過ぎないが，現代の言語にそれらの拡張形式が存在するという厳然たる事実がある．原生言語の中核としてそれらの概要を示す．

3.2 / 形態素表現への進化

時系列による音素数の増加

　原始共同体が形成され，より強固なものになるほど複雑なコミュニケーションが要求されるようになる．コミュニケーションの原形はすでに「生物知能」に含まれていたから，人類は当然意識的にその機能の強化・拡大を試みたに違いない．

　この段階ですぐに思い当たるのは識別できる記号（音声）の数の不足である．原生言語の初期には「生物知能」と同様，「鷹が飛来する」のような一つの状況を表す「文」相当の意味の表現に一つの記号（音声）を割り当てていたであろう．これで弁別できる意味の種類は識別の可能な音素の数までである．

　どれだけ異なる音の種類を発することができるか，またどれだけ多くの音を**表 2.1** のように記憶できるかは，生物進化に大きな影響を与えた．チンパンジーのように，知能的にはかなり進んだ種の生物でも，口腔および口唇の構造からあまり多くの異音を出せない動物はコミュニケーション上の制約から知能的進化が制約されたといわれる．

　人類は直立二足歩行を行うようになったことによって，咽部と声帯のあ

る喉部がほぼ直角に交差するようになり，それに伴って舌骨回りの筋肉が発達し，調音機能が得られたとされる．これによって発生音の細かな制御ができ，さらに口唇を使って子音が発声できるようになって音声の種類が飛躍的に多くなった．これによって多様な発話ができるようになったと考えられる．

　もちろん最初から多様な音声発話ができていたわけではなく，発話努力が音声の種類を増したであろうことは想像に難くない．この発話努力をはじめとして，この時代以降の人類は自律的にさまざまな努力をするようになったと想定する．この努力の積重ねが結果的に原生言語の幅を広げてきた．すなわち，「生物知能」と「人間知能」の間の大きな知能ギャップを埋めてきた．

　原始人類は他の動物に比べて多くの音声を発することができたので，より複雑なコミュニケーションが可能になったとされる．しかし，多いといっても異音の種類は有限であり，コミュニケーションがさらに多様化したとき，必要な数の（識別可能な）異音の数が足りなくなる．このとき，正しい意思疎通ができず，いら立った誰かが，あるいは集団が，いつか，どこかで，識別可能な異音を組み合わせて，時系列として異音の組の数を増してコミュニケーションを多様化したことは想像に難くない．これは作為的な行為であり，一つの飛躍である．これが以後の言語化過程に関わってくる．

記号の共有

　異音の時系列化によって原理的には十分な記号数が得られるが，環境の変化によってさらに大きな共同体を形成し，他者との接触が増えるようになった影響がコミュニケーションの形態に現れるようになる．例えば，人ごとに記号化が異なったらコミュニケーションはできないが，発信者が繰り返し同じ発信をするのを観察した受信者あるいは他の第三者がこれを模倣し，発信者の受けたセンサ情報 $S \cdot V$ とその記号 $C_{s \cdot v}$ との関係を学習する機会はあり得た．その結果，この受信者あるいは第三者が同じ環境において発信者と同じ記号化出力を出すことができるようになったことも十分

あり得た.

　これは同一入力に対して同一出力を出すように行動目的を設定して学習することである. このような記号共有化の傾向は自然環境にはなく, これも個人の意思である. 共同体内で多くの人が $S{\cdot}V$ から $C_{S{\cdot}V}$ への変換すなわち記号化を共通の方式でするようになると, これが同一共同体内の共通記号になったことも推測される.

語の概念の確立

　これまで述べたように S と V は別々のセンサからの信号であり, 単独では意味をなさない. 意味をなすのはその複合概念 $S{\cdot}V$ である. その記号表示として識別可能な異種音の一つ $C_{S{\cdot}V}$ が割り当てられた. 認識する対象 (S) の種類が増えたり, それに応じて動作 (V) の種類が増えると, 複合形 $S{\cdot}V$ の数はその組合せで増大する. したがって $C_{S{\cdot}V}$ の数もそれに合わせて増大する.

　記号 $C_{S{\cdot}V}$ が送られてきたとき, 受け手にはその記号がつくられた背後の事象 ($S{\cdot}V$) はこの記号のみからはわからず, 対応表が必要である. 人間はこの記号から直接背後にある事象を知りたいと思う欲求, 言葉を換えれば $C_{S{\cdot}V}$ から $S{\cdot}V$ への逆変換要求をもつようになったと予想される. しかし $C_{S{\cdot}V}$ として適当に単一記号が割り当てられた後では, そこから $S{\cdot}V$ について知る手掛かりはない[†]. そこで $S{\cdot}V$ に任意記号を割り当てる代わりに, 構成要素 S および V を個別に共通記号化し, 組合せ概念の記号として要素概念ごとの記号の組合せを対応付けるようにする方法が現れたと想定される. すなわち個別概念 S と V の記号をそれぞれ C_S, C_V とし, $C_{S{\cdot}V}$ を単一音で表す代わりにこれら個別記号を用いて $C_{S{\cdot}V} = C_S{\cdot}C_V$ であ

[†] 記号の処理に関しては, 人工化に際して固有の問題が指摘されている. それは記号には対応する意味があるが, 人工のシステムは個々の記号の意味がわかっていないため, その複合的な記号の意味がわからない, という問題で, 人工知能の分野で**シンボルグラウンド問題**と呼ばれている. これは無限の事象のもとの汎用的な言語の場合に生じる問題であるが, 原生言語による記号化段階ではセンサが認識した事物・事象のみが記号に対応する意味の世界であり, このような問題はまだ生じない.

るように記号 $C_{S \cdot V}$ を定めれば，$C_{S \cdot V}$ から $S \cdot V$ への逆変換の代わりに C_S と C_V 個別の逆変換問題になる．S と V が有限であれば C_S と S, C_V と V の小さな変換表をもつことによってこの問題は解決する．

$C_S \cdot C_V$ は C_S と C_V の（順序付き）並置である．現代の言語学流にいえば C_S や C_V は**形態素**すなわち**語**である．$C_S \cdot C_V$ は語の直列の並びで，**文**である．ここで記号化された文の概念が現れた．

生物にとって処理の対象になるのは「意味」であり，「意味」の基本要素は $S \cdot V$ である．$S \cdot V$ の記号化であるから $C_{S \cdot V}$ が処理の対象になり得たのに対し，語としての C_S や C_V は「意味」を表すものではなく，コミュニケーション上の便宜のためつくられたものである．この記号化には学習を必要とするが，それには生命構造すなわち「検知・認識－制御－行動」がもつ学習機能が使われる．例えば**図 3.1** のように「物」センサで特定の「物」 S を検知・認識し，制御部でそれを記号化（C_S 化）し，行動部でその音声を発し，それが意図した音声記号になるように（C_S の音声記号としたい音声を与えて）学習することである．これは作為的な行為であり，人によってのみ可能な出来事であった．これは第 2 段階の知能化メカニズムが備える処理である．

トレーニング―知能化の回り道

野兎の例では $C_{S \cdot V}$ の音声化は生理的機能である発声機能から音素を無作為に選ぶことだったが，記号化が多くなると他記号との重複が生じないように意図的に定めた音声記号を与えて学習がなされる．このような作為的努力が結果的に語の概念を確立していった．

これは現代風にいえば語学習であり，トレーニングによる．これらのトレーニングは望ましい記号（音）を目標として設定し，これをミクロ的に

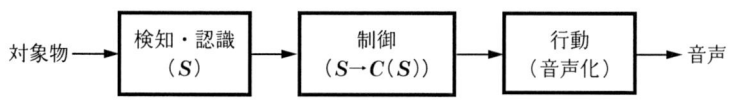

図 3.1　形態素の生成

生理的機能「検知・認識 – 制御 – 行動」内の学習目標として制御部で学習を行い，行動部で音声生成を行う．これが学習目標と一致するまで学習が繰り返される．

このような発声訓練は現代でも幼児期に行われる．学習者は幼児，教師は主に母親である．言葉の創成期には学習者は成人であったが，これと同様の状況であったろう．現代でも外国語学習時にはこれと同じトレーニングが行われる．

この学習の結果は形態素を生成するまでに進化した生命構造である．これは生成された形態素記号に対する音声の対応表（辞書）がつくられたことを意味する．

この段階では人間の生活環境の範囲は現代に比べまだ狭く，原始的であり，認識される対象である S や V の種類も限定的で単純であったが，しだいにこの種の記号化された「形態素」が増大していったと想像される．

この過程は比較的単純だが，結果はかなり飛躍的な進化である．意味の単位である $S \cdot V$ を S と V に分割してそれぞれに記号を割り当てるという操作は極めて知能的な行為である．かなり作為が働いている．それだけの知能が当時の人類にあったかどうかという疑問はある．しかし現代においても，一方では兎のようにほとんど数音程度のコミュニケーションがあり，他方では現代語で $C_{S \cdot V}$ の $C_S \cdot C_V$ 化が完全に行われている事実は，上述の過程がどこかで行われてきたことを示している．それがこの時期であっても不思議はない．

記号レベルの外化

原生言語を含む意味言語はどこかで外化される可能性がある．外化は意味の伝達を含む変換であるが，$S \cdot V$ を S と V に分割し，それぞれ別個に記号化し，再び時系列として再構成したとき，外部（自然）言語によって時系列順序が異なる．これは純粋に意味言語 – 自然言語間の変換時の約束であり，意味との関係はない．したがって外化が正しく行われることを保証するには，$S \cdot V$ の分割・再構成時に外部言語の構文との調整を取る必要がある．これを含めて，$C_S \cdot C_V$ は正しくは $\underline{C_S \cdot C_V}$ のように書く．下線

を引いた部分は後に言語化（外化）されたとき，日本語，英語，フランス語など個別言語ごとに定められている語の配列順序に従うことを示す．

前述したように $S \cdot V$ は，記号的には複数の「物」センサによる認識結果，例えば $S1 \cdot S2 \cdot V$ のようなものも表すとした．このとき，言語によってはこの記号展開を $C_{S1} \cdot C_{S2} \cdot C_V$（例えば Je t'aime）とするものもあり，$C_{S1} \cdot C_V \cdot C_{S2}$（例えば I love you）とするものもある．言語にとってこれは重要な「形式」化であるが，記号化の順序は知能進化の点ではさほど大きな問題ではない．$\underline{C_S \cdot C_V}$ の下線は C_S と C_V を後に言語ごとに定める順序に変換することを表している．重要なことは，どの言語も意味を表す文は「形態素」の直列展開であることである．これによって言語の基本文型が決まり，**図 1.5** に示した自律的進化の大きなステップが 1 段進んだとしたい．

3.3 / 生命構造の機能拡大──複文の生成

生命構造の残された機能

原生言語文は単文と述べた．生命構造は一部を除き記号なしの世界だったが，形態素化が進むとともに生命構造自体の機能拡大がなされた．生命構造には一般生物にとっては未開発のまま残されていた機能があった．人類はこれを開拓することによって記号言語の基礎をつくり上げた．

前節で述べたように，野兎の例では生命構造の機能は下記の 3 種に集約された．

[A1] $S \cdot V \Rightarrow S^* \cdot V^*$（環境情報（センサ信号）を受けて，
　　　　　　　　　　　　　対応する行動をとる）

[A2] $S \cdot V \Rightarrow C_{S \cdot V}$　（環境情報（センサ信号）を受けて，
　　　　　　　　　　　　　対応する音声信号を発する）

[A3] $C_{S \cdot V} \Rightarrow S^* \cdot V^*$　（音声信号を受けて，対応する行動をとる）

これではセンサ複合は $S \cdot V$ と $C_{S \cdot V}$ のみであるが，生命構造には，これ以外に一般生物では実現されていない複合化が潜在的能力としてある．

野兎の例で，親兎は「物」とその「行動」をそれぞれ主体，その行動として同時に検知・認識し，センサ複合 $S \cdot V$ として制御につなげ，記号化，音声化するとした［A2］．一方，子兎は，単一記号入力 $C_{S \cdot V}$ を受け，行動に結び付けた［A3］が，生理的機能は親兎も子兎も同じであるから，子兎でも複数の対象のセンサ複合が可能なはずである．例えば他の生物からの記号入力と同時に，独自の「物」センサと「行動」センサでそれぞれ行動の主体とその行動を検知・認識し，その全体をセンサ複合とすることも可能なはずである（**図 3.2**）．このときの記号入力は主体の行動の直接目的として働く．生命構造内で制御部はこのセンサ複合を「意味」あるものにするように働く．

入れ子型センサ複合

　このセンサ複合は主体（子兎）とその行動ならびに他者（親兎）からの記号情報からなる $S1 \cdot V1 \cdot C_{S \cdot V}$ である．添字 1 のもの（$S1 \cdot V1$）はこの主体とその行動，$C_{S \cdot V}$ 内の添字なし（$S \cdot V$）は他者からの記号入力の内容である．入力に記号を含むとき，生命構造の行動機能は，行動内容の認定ができないため，行動型［A1］にはなり得ず，記号型である．

　また生命構造の記号型行動では，記号入力は記号のままで行動の対象として扱うほかない．これを「主体・行動／（記号）」と表す．すなわち（$S1 \cdot V1/$ $C_{S \cdot V}$）である．**行動／（記号）**は「**（記号）内容が行動の直接目的である**」を表す．このセンサ信号を記号化したものがこの生命構造の出力になるか

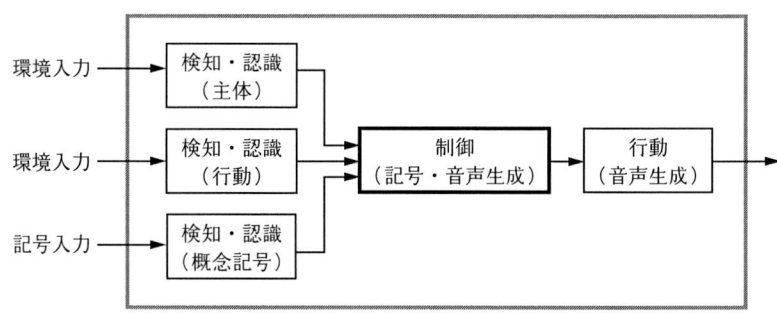

図 3.2　記号入力を含むセンサ複合

ら，この結果は $C_{S1 \cdot V1/C_{S \cdot V}}$ のように記号化の枠組みの中に記号化を含む入れ子構造になる．

これを言葉に変換するとは，すべてを形態素の直列配列で表すことである．この変換過程で記号の記号化のような二重記号化が発生するが，これは単一記号にされるという補助的な約束が含まれる．すなわち C_{CX} は C_X である．結果は $C_{(S1 \cdot V1)} \cdot C_{/} \cdot C_{S \cdot V}$ のようになる．$C_{/}$ は入れ子の特別記号であり，「これ以降は入れ子内の表現である」ことを示す．これを**入れ子構造子**と呼ぶことにする．ここに前出の結果 $\underline{C_{S \cdot V} = C_S \cdot C_V}$ を用いて $\underline{C_{S1} \cdot C_{V1}} \cdot C (/) \cdot \underline{C_S \cdot C_V}$ となる．

入れ子の言語表現―複文

入れ子部分 $C (/) \cdot \underline{C_S \cdot C_V}$ の言語表現には，後に言語の形式化が進んだとき，言語によってはいくつかの異なる形式が対応する．例えば英語では入れ子の代表的な言語形式は that-clause であるが to-infinitive や分詞形その他も同じ入れ子に対応する．これによって複文がつくられる．$\underline{C_{S1} \cdot C_{V1}} \cdot C (/) \cdot \underline{C_S \cdot C_V}$ が複文の基礎的な形式をすべて表している．

that-clause で表す場合，生命構造の拡張形式は

$$[\textbf{A4-that}] \quad S1 \cdot V1 \cdot \underline{C_S \cdot C_V} \quad \rightarrow \quad \underline{C_{S1} \cdot C_{V1}} \cdot \text{that} \cdot \underline{C_S \cdot C_V}$$

になる．[**A4-that**] は生命構造が前記 A1, A2, A3 に続いてもつ 4 番目の機能で，その言語形式の表現が that 節であるものを表す．例えば C_{S1}: Yamada, C_{V1}: announce (s), C_S: Noda, C_V: is a leader とすると，これは「Yamada announces that Noda is a leader.」という複文に対応する．同様に同一意味形式で，言語形式では to-infinitive 形式のものは [**A4-to-inf**] などと表す．ここでは文法上の細かな点は無視する．

どの言語（日本語，英語，フランス語など）をとっても複文の表現は複数ある．これらに微妙なニュアンスの違いがあっても，意味的に入力が $S1 \cdot V1 \cdot C_{S \cdot V}$ という生命構造であることは共通している．この全体が原生言語である．すなわち**原生言語によって単文・複文のすべての文型**が表される．

複文を生み出した理由―個性の進展

　同じ意味形式に複数の記号表現がつくられた理由としては，原生言語の末期には人は単純な事実の記述のみでは満足せず，自己の意思や感性などを含めた表現にしたいという表現の拡大の欲求から生じたと考えられる．このような文型による意味の微妙な違いは，知能化メカニズムをつくるという基本動作には影響しないとしてよいだろう．すでに述べたように，これは知能化メカニズム内の意味言語を通常の言語に変換する際の外部表現化（外化）に深く関わる部分だからである．

　話を原生言語に戻す．人間が自律的に複文を生成する努力を始めた動機は何であっただろうか．一つは上例の「田中は野田がリーダーであると伝えた」のように，意味を表すうえで二つの単文の相互依存的な結合を表すことが必要になった状況が生じたこと，もう一つは「私は山田が来ると思う」のように，$S1 \cdot V1$ の部分（私は思う）が主体の意思，願望，予想など精神的活動に関わる場合である．このとき $S \cdot V$ すなわち入れ子の中身は実際に行われている行動ではない．あくまで主体 $S1$ の思考内での虚構的な行動である．「山田は来る」のような行動の表現における**来る**は単純な事実を表すもので，議論の余地がないが，「私は山田が来ると思う」の**来る**については否定，同意，協調などさまざまな対応があり得る．

　意思・願望・予想を含む複文はその性質から，他者がその否定・同意などをつくることが比較的容易に行われる．ある第三者 $S2$ が複文 $C_{S1} \cdot C_{V1} \cdot \mathrm{that} \cdot C_S \cdot C_V$ の受け手である場合，この第三者（$S2$）が $S1 \cdot V1$ を自己の考え方 $S2 \cdot V2$ で入れ替えた $C_{S2} \cdot C_{V2} \cdot \mathrm{that} \cdot C_S \cdot C_V$ の記号をつくることも人間社会内では起こり得る行動パターンである．その中には否定をつくることも，さらにこれに対する反論も生じ得る．

　このような双方向のコミュニケーションによって2個の個体間で情報が一方的に流れる片流れのコミュニケーションから反対，同意，協調など双方向の情報のやり取りが可能になる．ここで初めて原始的ではあるが真の意味でのコミュニケーションの手掛かりができたと言ってよい．

　原始社会内でもコミュニケーションがこのように多様化してきたとき，

発せられた情報が常に正しいとはいえない状況が生じたであろう．人を意図的にだますほどの知能があったかどうかは別にして，誤った情報を発することはあり得る．

複文の効果—階層化表現

入れ子構造からつくられる複文はこのような意思・願望・想像などの精神的活動以外にもさまざまな機能を表すことができる．その重要な一つに知能の階層化表現がある．これによって知能空間の構造化が図られ，多様な知能利用が可能になる．これについては次章で述べる．

単文は単純に事実を表すのみなので，表現された事柄は意味的にはすべてそのまま受け入れられる．単文のみの世界はそういうものだった．しかし，コミュニティが複雑化してくると，それではすまない状況が生じる．例えば，現代流の比喩であるが，ある人物が「狼が来た」という誤情報を繰り返し発信し，受信者がその誤情報に振り回されるようなことが続くと，受信者は他者の発言を無条件に肯定するというこれまでの行動方針を変えて新たな学習をするようになり，「私は狼が来るとは思わない」のように表現するようになったとしても不自然さは感じられない．原生言語をつくった古代人の社会でもこれと似た状況が生じたとしても不思議ではない．これは複文をつくる動機の一つといえる．

図1.5において，原生言語による知能化メカニズムは「知能化メカニズム2」として生命構造と区別した．生命構造の主たる機能は生存と低レベルコミュニケーションの実現にあったが，原生言語を知能化メカニズムとする段階では，文は「実体に関する事実を表明する機能」あるいは「共同体の約束事（規則，宗教的儀礼手順その他）とのマッチングによって共同体を形成・維持する機能」として，より拡大された知能活動の範囲をもつことになったといえる．これから生成される原始人間知能は原始人間社会の形成に役立ったと考えられる．

原生言語は生命構造の機能拡大として実現されたものであるが，あくまで生命構造内で実現したものであり，扱われる範囲は，「実対象に関する事実」である．したがって「知能化メカニズム2」による言語表現の範囲

も「実対象に関する事実」の表現が主である．

　複文生成の入力 $S1 \cdot V1 \cdot C_{S \cdot V}$ において記号入力部分 $C_{S \cdot V}$ は他者からの記号情報としたが，**図 3.3** のように内部で記号 $C_{S \cdot V}$ を生成しておいて入力とすることにより，複文を生成することができる．

原生言語をベースとする知能化メカニズム

　以上知能化メカニズムとしての原生言語を述べてきたが，知能化メカニズムとしての機能はどのようなものであろうか．原生言語への進化は記号言語の基盤の確立という点で極めて重大な意味をもつものである．しかし実際に生起した事実の表現に限られるという性格上，実用的効果は限定的であったように思える．

　1.5 節であげた知能の枠組みの定義を当てはめると，

【1】表現形式は原生言語文すなわち単文と複文

【2】扱える問題の範囲は，共同で狩を行うなどの行動に際し，事実情報のやり取りならびに，原始共同体の維持など

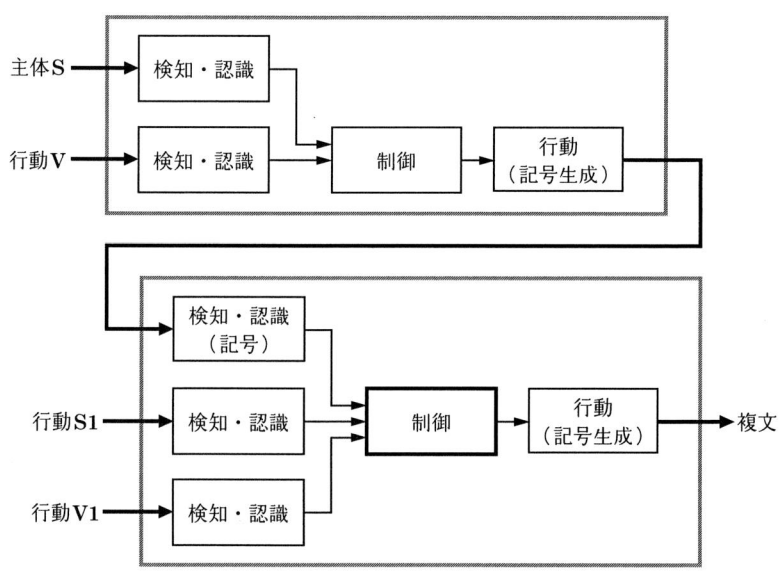

図 3.3　複文の知能化メカニズム

【3】 問題解決方式はセンサで得られた状況情報の記号化による人的交
　　　流と，共同体の約束事の表示ならびに賛否・確認など

【4】 処理法は原生言語文の音声送受と，共同体の規定と自己の行為の
　　　一致の確認

程度になろう．これらは現代から見ると限定的な意味処理であるが，共同
体をつくることがこの時代の人類にとって最も重要な要望であったろうこ
とを考えると，それは原生言語でかなり叶えられたといえる．

3.4 文化継承としての知能深化

人の意志が知能進化をもたらした

　知能の進化は人類の歴史と密接に関連している．人類の進化に伴って新
しい機能が必要になり，それを得るために当時の人類は努力したことであ
ろう．遺伝子の突然変異による偶発的進化は別として，必要から発した進
化は，人類の置かれた状況に依存したものとなる．それが結果的に知能の
進化を推し進めた．

　共同体を形成したいという強い意志が動機となって原生言語による記号
化が成し遂げられたとしたら，これは**人の意志が学習という機能を通して
情報の記号化という大進化をもたらした**，と考えられる．事実とするなら
驚くべき結果である．

　しかし原生言語は実際に生起し，真である事実を記述する言語であるか
ら，それによって可能な知的活動は主として原始人間社会の管理程度で
あった．それも，実際に生起し，真である事実のみに基づいて管理される
単純な社会ではあったが，後期には個人の考え方の表出を通して共同体の
在り方に影響が出始めた時代であったと想像される．あるいは進化に伴っ
てより複雑な共同体の形成が避けられなくなった人類が，その必要から生
命構造より進んだ原生言語を生み出したという言い方がより事実に近い．

知能進化は実は文化継承であった

　これが原生言語を知能化メカニズムとする知能の知的効果である．以上を要約すると，知能進化の第2段階すなわち記号化の時代は生命構造と密接に関わる独自の記号言語とその操作を知能化メカニズムの中核とし，問題解決への寄与は，事前に与えられた正当性の保証された文とのマッチングを取ることによって管理の正当性を保証する機能をもつことである．

　原生言語がどのようにつくられたか，言語の記号化がどのように行われたかを示す資料は状況証拠的な事実（例えば人骨化石の口腔部形状からの発声状況の推論など）のほかは今日何も残されていない．したがって本稿の細部はすべて推察と想像に基づいている．

　ただ生物知能の段階では存在しなかった記号が現代の言語には存在する．歴史のどこかで，以上述べたことに近い過程が実現したことは明らかな事実である．これからさらに知能について論を進めるが，これまで述べたことはその根拠とするに十分な正当性はあるものとする．

　本章の最後に一つ付け加えておこう．第1章で進化論の主流であるダーウィンは「獲得形質は遺伝しない」とした．一方，ここまで人類は学習により獲得した言語によって進化してきた，と述べてきた．そこに矛盾はないか．

　結論は，世代間で受け継がれているのは記号をベースにした言語の記録であること，いうなれば継承されるのは文化であることである．これは次の世代の意味言語についても同様であり，進化という表現を使ってはいるが，肉体的な変化は起こっていない．現代においても生まれたばかりの乳児はこの言語文化そのものは親から受け継いでおらず，知能的には原始人類と変わらない．しかしその後，乳児の知能は急速に進展する．それは進化した文化を吸収し，知能を生成する基本機能を遺伝的に「物」として親から受け継いだからと思われる．知能を生成する基本機能とは脳細胞組織の機能であり，人間の乳幼児に脳細胞組織が急速に発達することが示されている．これが進化による結果であり，その結果，文化の継承が乳幼児期に高速に行われるからと思われる．

第4章 論理の時代

[知能化メカニズムの基盤＝意味言語]

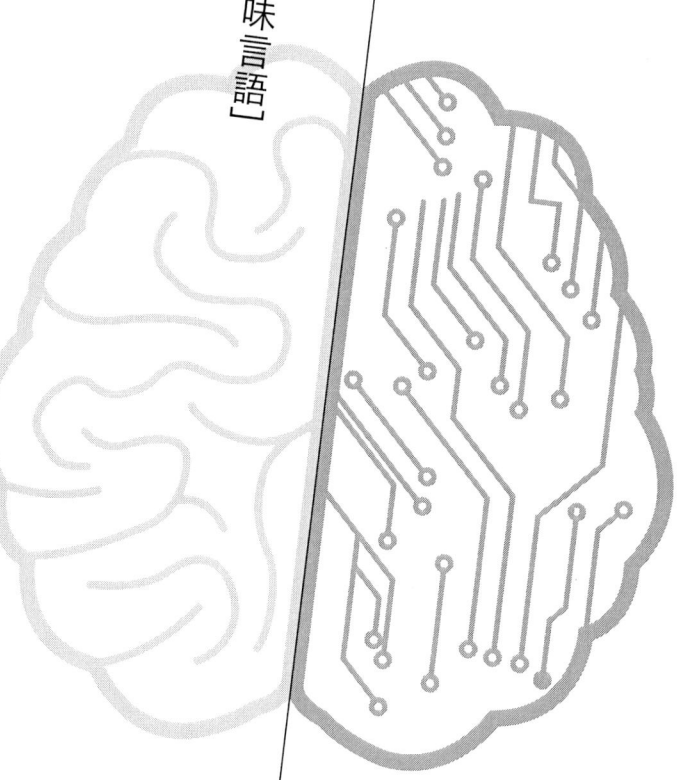

4.1 意味言語への進化

4.1/01　意味言語への進化とその動機

新言語への進化

　原生言語でできるのは，単文もしくは複文として閉じた記述までで，照合はできても，それ以上の意味的関係に発展させることは難しい．もし言語進化の目的のすべてが原始共同体の形成にあったとしたら，原生言語ができた後，進歩は停滞したであろう．事実はこの後意味言語へとさらに大きな進歩が続いた．これは原生言語による記号化とは異質の言語機能の進歩である．この必然性はどこにあったろう[正11].

　共同体社会の意識が浸透すると，新しく共同体社会が形成される機会も増えたであろう．それにつれて，共同体間で共有する事実の表現を比べるような場合が増え，同じ事柄の内容が相違する，といった矛盾も生じたに違いない．あるいは対立する共同体が起こした紛争への双方の見方が全く異なるということもあったろう．またこれと逆に，共同体の大型化に伴って同一共同体内でも共通事実の記述内容が記録者によって相違することも生じたであろう．

文字の影響

　この現象にはこの後新たに創造された文字の出現も影響したであろう．文字の創生はおよそ6000年前といわれるが，文字利用は急速に進み，さまざまな事象の記録，すなわち広い意味での歴史の記録も進んだ．文字による記録が増えたことにより，同じ事柄の記述内容に食い違いが発見される機会も増えたことであろう[ム56].

　事実に基づいて，あるいは権力者が定めた約束事によって管理された原始社会にとって，これは管理上の大事件になる．何らかの方法でこれに対応しなければならない．少なくとも，どの記述が正当なものであるかを示す方法がなくてはならない．あるいはある記述が正しいか否か，あるいは

正しいとする条件を書き表す，などのことが必要とされたに違いない．また，このような社会の動きを記述しようとする者も現れたであろう．

原生言語は事実の記述

原生言語は形式としては単文と複文に限られ，記述はセンサによって認識された対象についてのみ行われ，認識された事物に関する**事実**として受け取られてきた．この時点ではこれが言語活動の基本であり，変動のない現象の記述はできても，状況をほかに切り替えることは原生言語ではできない．これでは変動する社会は記述できない．

また正規の事象を外れた事柄，例えば原生言語文の記述者が誤って，あるいは意図的に，事実と異なる状況を記述した場合，その事実が見いだされたとしても対応方法がなくては修正も利かず混乱するばかりである．

このように変化する現実を表現するには，**状態の変化を記述すること**と**既述された文の正しさの程度**を示せる表現が必要である．このような状況が新たな進化への動機になり，つくり出されたのが意味言語なのではないか．

4.1/02 意味言語—変化する世界の記述

変化を表す言語—意味言語

原生言語で扱われるのは実対象に関してセンサを通して得られる入力のみであった．対象についてのこのような表現は知能情報のうちの**要素知**に相当する．一つの言語系で記述される表現が要素知のみであるとすると，その言語は変化のない静的な世界を表すだけのものになる．このため原生言語で表せるのは固定された世界に限定された．原生言語の時代に知能主体が意識して行ったのは，自然に入ってくる入力の記号化であったが，記号化は言語の性格を変えるものではなかった．

変化を表すには新しい言語が必要である．それが意味言語であるが，意味言語への進化は，動的に変化する世界を表現したいとする人為的な動機に基づいた学習的なものであり，原生言語からの最小限の拡大で目的を達

成する方法が模索されたと想像される.

変化の記述─変化前後の状態並記

　注目する対象の変化を表す最も簡単な方法は，その対象の変化前と変化後の状態を並記することである．この構文変化を中心に，それを補ういくつかの基本概念を含む新言語の体系がつくられた．結論的にはこの基本概念とは今日の集合論，メタ記述などである．これらの名称は近代化が進んだ近年のものであり，進化によってつくられた新概念が後代に整理され，命名されたものである．また，これら新概念を含む新言語の体系が近年になって整理され，論理学が生まれた.

　ここで意味言語と呼ぶ新言語は知能情報，すなわち要素知，遷移知，行動知の構文を規定し，その構文に従う知能情報を加えることにより，新しい知能化メカニズムをつくる．これが新しい知能を生み出してきた.

03　意味言語への展開の担い手

意味言語への展開の担い手─ホモサピエンス

　言語の歴史を人類種の歴史に反映させて見ると，意味言語への進化のきっかけをつくったのは記号化を成し遂げた人種とは別の人類種，ネアンデルタールの次に人類史上に現れたホモサピエンス以降の人類と思われる．ネアンデルタールは長年かけて原生言語をつくり上げたが，ここまでが精一杯で，共同体の形成・維持を可能にした時点で歴史の舞台から去ったと考えられる．特別な根拠があるわけではないが，年代的にそのように見るのが自然に思えることと，一つの時代を画する大仕事を仕遂げた人達が，さらにそれを超えて異質の大事業を始めることは極めて難しいと思えるからである.

　ネアンデルタール後に登場したクロマニオンはネアンデルタールがつくり上げた原生言語を受け継いで，共同体意識を初期から身に着けていたのではないだろうか．この時代にクロマニオン人によって描かれたとされている多くの洞窟内壁画が残されているが，造形自体に高い知能レベルが必

要であることとは別に，大型壁画をつくり上げた共同作業の規模からこれが想像できる．

現代にも続く言語展開

本書は歴史書ではないので，これ以上立ち入ることは避けるが，意味言語に基づく知能化メカニズムの強化は，現代でも続いている．それを担うのはもちろん現代人である．知能発展という奇跡的な出来事が環境の変化に応じて生じたとするなら，知能発展に及ぼす歴史の影響を無視することはできない．

4.1 / 04 意味言語ベースの知能化メカニズムの特徴

新知能化メカニズムの特徴

意味言語ベースの知能化メカニズムを解明することは，当然のことながら，容易ではない．それが困難な理由を前もって知っておこう．それによって議論の対象とする意味言語の範囲を定めなければならないからである．

人の意志・感情・欲望

理由の第一は，人間には意思があり，感情があり，欲望があり，これらを動機として生起される知能がある．意思や感情などは原始人類も持っていたが，原生言語の時代には個体の力が弱く，行動はほぼ100%環境に支配されていたため問題が表面化してこなかった．近年，社会活動が活発化するにつれ，個人の意思や欲望が外面化してきた．ただし，その生起機構は現代でも明らかにされていない部分を残している．

知能活動の複雑化

理由の第二は，進化の第3段階，論理の時代に入った後の知能活動の複雑さにある．問題は知能化メカニズムの機能レベルでの諸概念が，「物」のレベルでどのように表され，実現されてきたかを明らかにすることであるが，そこに，記述の階層化としてメタ記述の概念が必要とされる．メタ

記述の概念は本節の最後に述べるが，現代の我々がまだ十分に理解しきれていない概念といってよい．通常の意味での知能表現の複雑化，例えば遷移知の構造の複雑化については 4.2 節以降で述べる．

知能化メカニズムの個人化

　第三に知能化メカニズムはあくまで個人のものであり，現代は個人差の大きな時代になっていることがあげられる．原生言語までの知能化メカニズムはほぼ全員に共通のものとして捉えることができた．これに対し，意味言語の段階に入ると知能化メカニズムは個人属性として経験や学習努力その他で個人差が大きく，100 万人の人がいたら 100 万の異なる知能化メカニズムがあること，したがって意味言語の時代には知能化メカニズムを論じることは，標準人間を定義するか，あるいは個人ごとに「A さんの知能化メカニズム」のように言わなければならないことなどのためである．

　また意味言語は現在使われている自然言語の基盤となる言語である．自然言語には大きな記述力がある．この記述力は知能の裏付けのもとで発揮されているはずである．もし知能による理解が言語の記述力に追いつけないとしたら，その部分の言語記述は無意味になり，言語の記述力もそこで頭打ちになっているはずだからである．事実それが原生言語までの歴史であった．その意味で**知能が言語の記述力を定めている**．

　意味言語の発生した時代からはすでに長年月（1 万年余）が過ぎたが，この言語と知能の関係は現代においても変わりはなく，知能が自然言語の意味的上限を定める．逆に現代の少なくとも最高度に知的な人の持つ知能化メカニズムのみが，現在流通している自然言語の複雑な記述の意味をすべて理解できるだけの知能を生成していることになる．言語との関係におけるこの個人差の存在することの影響は大きい．

発展の継続性

　知能化メカニズム解明の難しさの第四の理由は，意味言語による知能の形態が未だ固定しておらず，発展の過程にあるためである．これまでも知能を生み出す知能化メカニズムは個人の努力によって発展してきた．今日

においても優れて知能的な人達がより高度の知能の形を求めて知能化メカニズムを発展させている．これは現代進行中の「知の発展」である．そのようにして知能活動とその素である言語が発展しているので，考察の対象とする知の時代を定めなければならない．

このようにさまざまな困難はあるが，以下では，平均的な（大多数の）個人の知能化メカニズムを想定して，まず古典的な意味言語を中心に話を進め，次いで現在起きている先進的な問題解決について述べる．知能化メカニズムは知能という機能を生み出す「物」という位置付けであったが，具体的にはそのもとである言語と，その言語の構文規則に従って生成される知能情報の組である．

知能化メカニズムの四つの面

まず意味言語に基づく知能化メカニズムとそれがもたらす知能について，大きく四つの面について述べる．第一は生成された意味言語の基本形式とそれに基づく知能化メカニズム（4.2 節），第二は脳細胞による意味言語の生成メカニズム（4.3 節），第三はこの知能化メカニズムの規格型問題解決の能力（4.5 節），第四は知能化メカニズムの記述力（4.6 節），である．規格型問題解決とは対象が明示されているなど，単純な形式の問題解決を表す．現実に現れる問題解決はそのような制約のない自由な形式のものが多く，これを**自由型問題解決**と呼ぶことにした．自由型問題は一般に解決が困難で，言語にも新しい機能が要求される．問題解決という表現を使っているが，そこに含まれる諸問題は創造，発想，閃きなどと表現される高度知能活動にも関わる．自由形問題解決は次世代の問題解決と言ってもよい．自由形問題解決については第 5 章で述べる．

これらを通して最後に「むすび」で人間知能と人工知能の能力比較について述べる．

4.2 / 意味言語の基本形式

　意味言語には多様な新概念が含まれる．状態変化を表す文型，集合・メタ記述などである．これらは今日の呼び方であって，最初からそのように呼ばれていたわけではない．これらの概念は，それを表すための基本的な行為（処理）が細胞レベルで実現されていて，必要に応じて実行される機構がつくられていて初めて現実のものとして成り立つ．そのような機構が進化によってつくられているものとする．

4.2 / 01　意味言語の構文―変化する状態の表し方

状態並置―遷移知

　状態が変化するとき，その最も単純な表現方法は対象とするものの変化前と変化後の状態を表す二つの表現（対象文）を並置した複合文を含む言語系をもつことである．対象とするものの状態の表現を対象文と呼ぶ．ちなみに要素知は対象文である．

　変化には方向があるから，並置された二つの対象文 A および B の一方を変化前の状態あるいは変化を起こす条件，もう一方を変化後の状態あるいは変化の結果として，変化を「もし A なら B」という**条件‐結果**過程として表す．これを状態の遷移を表すという意味で，要素知に対応して**遷移知**と呼び，以後 [もし‐なら] $\{A ; B\}$ と表す．A は「もし」の部分で，「なら」の部分 B を導く前提であり，これを**条件項**と呼ぶ．「なら」の部分はそこから導かれる**結論項**である．

　簡単な例として，「もし鷹が飛来したなら，（主体は）巣に戻る」を見てみよう．これは対象文として二つの出来事，「鷹が飛来した」と「（主体は）巣に戻る」，が並置された遷移知，[もし‐なら]｛鷹が飛来した；（主体は）巣に戻る｝である．

AND 並置と OR 並置

　遷移知では並置された二つの対象文間に順序関係を与えたために並置関係の意味が限定される．並置関係を意味的に完結するため，二つあるいはそれ以上の対象文の並置には，このほか AND 並置と OR 並置がつくられている．$A_1, A_2, \cdots, A_n$ を対象文としたとき，前者は $A_1 \wedge A_2 \wedge, \cdots, \wedge A_n$，後者は $A_1 \vee A_2 \vee, \cdots, \vee A_n$ と表される．これらは遷移知と異なり，いずれも順序関係がなく，前者は並記された複数の対象文がすべて同時成立すること，後者は複数対象文のどれかが成立することを表す意味表現である．これら3種の並置文と対象文が意味言語の基本の文形をなす．一般の意味表現はこれらを組み合わせてつくられる．

遷移知の一般形

　多くの場合，遷移知は，「もし $A_1, A_2, \cdots, A_m$ なら B」のように条件項には二つ以上の対象文が併記され，複雑な遷移条件を表す．以下，表現形式として，この遷移知は［もし‐なら］$\{A_1, A_2, \cdots, A_m ; B\}$ のように表す．$A_1, A_2, \cdots, A_m$ は複合的な遷移条件を表す m 個の対象文であり，それらがすべて満たされたとき，B という状態に遷移することを表す．すなわち条件部は AND 並置である．以下ではこれを標準形式とするが，混乱がない限り説明時の記法としては単純に［もし‐なら］$\{A ; B\}$ で済ませる．

遷移知の処理―推論

　遷移知を言語系に含める，とは細胞レベルで**その処理機能**がつくられることである．そのメカニズムがつくられたことが知能進化が第3段階に進んだことを示す．ミクロのレベルでこのメカニズムがどのようにつくられたかは明らかではない．しかし今日この機能が存在することは明らかな事実であり，それが原生言語の時代には存在しなかったことも事実であるから，その処理機能は進化の第2期から第3期にかけてつくられたものとしても誤りではないであろう．

　その処理は，系がある状態にあり，それが遷移知内の条件項に一致した

なら，遷移知内の結果項（対象文）を取り出して，新たな状態とする，というものである．これによって状態変化が実現する．このような処理は**推論**と呼ばれる．

このように遷移知は状態間の内在的関係を表している．それまでは隠れていた二つの独立の事象間の意味的関係が，遷移知によって形式として表されることを示す．

問題の解—状態の連鎖の生成

本書の最初に，知能の目的は問題解決にあるとした．遷移知は上記の推論を通して問題解決に密接に関連する．この手順は，最初に解決したい問題を対象文として表す．これは，通常，未知項を含む．ある遷移知があり，問題文がその遷移知内の条件部の対象文と一致したら遷移知内の結論部の対象文を取り出して新しい状態を表す問題文とする（推論）．未知項がなくなるまでこの操作を繰り返す．これは対象文の**連鎖**をつくる操作である．

例えば問題を表す対象文 A が与えられたとき，独立の遷移知［もし－なら］$\{A;B\}$ が存在するとしよう．ここから $A \rightarrow B$ の連鎖がつくられる．さらに，［もし－なら］$\{B;C\}$ が存在すると，前記過程により $A \rightarrow B \rightarrow C$ の連鎖が生じる．対象文 A が未知項を含む問題表現であり，それから始まるこの連鎖中の対象文が終了条件を満たし，かつその結果が問題文の中の未知項を充足したなら，それを問題の解とする（未知項の表し方は 4.2.2 項参照）．終了条件とは，この過程で生成された文が，事実として存在する対象文と一致すること，などによって事実であることが示され，問題文中の未知項の値が定まった場合である．この連鎖の生成が問題解決過程である．

この過程を，前記の例文，「もし－なら］｛鷹が飛来した，（主体は）巣に戻る｝に加え，もう一つの遷移知，「もし－なら］｛（主体は）巣に戻る｝，（主体は）安全である」が存在する場合で見ておこう．これら二つの遷移知を持つ知能化メカニズムに，「鷹が来た」という状態が与えられ，「（主体は）安全か？」という問題が提示された．このときの問題解決過程は，第一の遷移知から「（主体が）巣に戻る」が導かれ，第二の遷移知から，問題が

与えられた時点では不明であった「(その主体は) 安全である」, が肯定文として導かれ, 終了条件を満たす.

　これは言語による問題解決手順の一例であり, 解を求める操作が成功裏に終わった場合である. このような解に到達しなかった場合, ほかに可能性のある連鎖を探す. 問題解決はこのような解の探索過程の管理のもとで行われる.

4.2/02　集合と言語

集合とは

　状態並置とともに意味言語で重要なのが集合の概念である. 対象文も遷移知も, これまでは単一の対象を想定してきた. これでは多数の事例があるとき, そのすべてを一つずつ記述しなければならない. 例として「人は死す」という表現を考えてみよう.「人」という形態素によって表される概念には, 山田, 鈴木, 小野小町, ソクラテス, カエサル, ナポレオンなど多くの要素が含まれている. これに基づいて「山田は死す」,「鈴木は死す」,「小野小町は死す」などと書き並べるのは大変である. 山田, 鈴木, 小野小町, ソクラテス, カエサル, ナポレオンはいずれも「人である」ことを前提に,「人はすべて死す」と表せれば好都合である.

　これに合わせて遷移知も特定の対象から一般の概念に拡張される. 例として [もし - なら]{ソクラテスは人である;ソクラテスは死ぬ} を取り上げる. これは言語表現で,「もしソクラテスが人であるなら (ソクラテスは) 死ぬ」であり, 言葉で「人はすべて死ぬ」というときの「人」という一般的概念と,「ソクラテス」と指示された特定の事物の関係を表したもの, すなわち「人はすべて死ぬ」という普遍的真理をソクラテスという特定の対象に当てはめたものである.

集合 - 要素関係

　この関係は言語の背後にある数学的基礎概念の一つである集合 - 要素関係を対象文の形で表した例である. 集合とは物の集まりを総称した表現

である．集合を構成するのは要素である．集合を S，要素を s_i とすると，この関係は通常 $S \ni s_i$ と表される．例えば人 $\ni$ ソクラテス，である．これは言語表現に現れる対象物の基本的な構造関係の一つを表している．このような集合の概念は進化の第 2 段階，記号化の時代に形態素化が進んだ段階で古代人の頭の中にもおぼろげながら形づくられていたと想像される．

　意味言語の体系には明らかに集合の概念が含まれているが，これを記号の体系としてまとめた論理学では集合を明示的に参照することは少ない．代わりに集合を生成する文表現が多く使われる．「人はすべて死ぬ」を論理的に表すとしたら

　　　　（すべての x について）［もし‐なら］$\{x$ は人である；x は死ぬ$\}$

のように［もし‐なら］条件文の前に**前置項**（すべての x について）を付ける．

　この表現で注目するのは「あらゆる事物を集めた世界」を前もって想定しておき，その世界の中で「「人」という性質を持つすべての要素は「死ぬ」という性質を持つ」と読まれる．この例からわかるように，人という集合の概念は陽に表現されていない．集合としてはあらゆるものを含む全体集合があるだけで，その中の個別の集合，例えば「人」は集合としてではなく，「「人」という性質を持つもの」として，性質として表されている．

　これは表現法に関する一つの立場であって，結果としての記号体系がより単純になることを意図したものといえる．しかしそれが知能の体系化に有利であるとはいえない．問題解決の現れ方は多様であり，それを適切に処理するために，以下では集合の概念を積極的に導入する（5.1.1 項参照）．

変数の概念

　集合の概念が入ってくることは論理的表現に数学的な変数の概念が隠されていることを意味する．「人はすべて」とは「人という集合の中のどの要素も」の意味である．この表現での「どの要素も」では特定の要素名は現れていないが，すべての要素を意味的に含んでいる．これは変数を表す記号，例えば x で表される．

この集合の概念を念頭に置いて，上記の例のように「人はすべて死ぬ」は［もし‐なら］条件文の前に前置項（すべての x について）を付ける．

　論理的表現では，「すべての」という前置項の他にもう一つ「（少なくとも一つ）存在する」がある．これは例えば「人の中に（少なくとも一人は）天才がいる」，は（少なくとも一人は存在する），［AND］{x は人である；x は天才である}のように表される．（すべての x について）は総体的な事実を表す．（少なくとも一つは存在する）は限定的な事実を表すほかに，問題解決の際の未知量を表現する場合，疑問詞（少なくとも一人は存在するか（それは誰か）？）の働きをするのに使われる．問題解決は推論の過程で終了条件を満たし，かつ未知量が求まったとき終了すると述べたが，未知量が定まるとは，処理中に条件を満たす特定の要素（例えばソクラテス）が現れ，x にこの特定の要素名が入るときである．

　論理の分野ではこれらの前置項には∀（すべての），と∃（存在する）のような少し変わった記号を用いている．これは英語の All（すべて），Exist（存在する）の頭文字をひっくり返したものと思えばよい．

さらなる集合の構造―部分集合とべき集合

　問題の形によっては集合の概念をさらに積極的に使う方法が効果を上げる．集合‐要素関係に加えて，もう一つ集合に関する基本の構造要素に部分集合がある．部分集合は集合の中の小集合を表す．例えば「鳥」はもっと大きな集合「生物」の中の部分集合である．部分集合は集合の中で他の要素にはない特定の性質などを持つものの集まりである．鳥の例でいえば，鳥は生物という集合の中で「羽毛を持つ」という性質を持つものからなる部分集合である．T が集合 S の部分集合であることを $S \supset T$ と表す．また要素が一つもない集合を**空集合**という．これを $\varPhi$ で表す．

　集合に関する構造の基本骨格は**集合‐部分集合‐要素**の系列である．この構造に基づいていくつかの発展的な構造概念が定義される（5.2.1 項参照）．

　ある集合のあらゆる可能な部分集合の集まりを**べき集合**という．集合 S のべき集合を S^* と表す．簡単な例を示そう．$S = (1, 2, 3, 4)$ とする．こ

のあらゆる部分集合としてのべき集合は，$S^* = \{\varPhi, \{1\}, \{2\}, \{3\}, \{4\}, \{1, 2\},$
$\{1, 3\}, \{1, 4\}, \{2, 3\}, \{2, 4\}, \{3, 4\}, \{1, 2, 3\}, \{1, 2, 4\}, \{1, 3, 4\}, \{2, 3, 4\}, \{1, 2,$
$3, 4\}\}$ である．

　$S = (1, 2, 3, 4)$ において括弧内の数は集合 S の要素である．これと同
様にして S^* の右辺の中括弧の各要素は，S^* を集合とみなすとその要素と
いう関係にある．例えば中括弧内の 6 番目は $S^* \ni \{1, 2\}$ の関係にある．$\{1,$
$2\}$ 自体も集合であるから，$\{1, 2\} \ni 1$ という集合 – 要素関係にある．

4.2 / 03　述語論理

述　語

　集合論とともに，意味言語と最も関係の深い学問分野に論理学がある．
ただし，集合論やメタ記述が意味言語形成の要素として働いているのとは
異なり，このように形成された言語系を一つの体系として整理したのが論
理学である[清84]．

　論理学の基本要素は述語である．「人はすべて死す」は論理的表現で
$(\forall x)$［もし‐なら］$\{(x, 人)；(x, 死す)\}$ であり，「人の中に（少なくと
も一人は）天才がいる」は $(\exists x)$［AND］$\{(x, 人), (x, 天才)\}$ のように
表される．これらは内容によって正しい（真）か正しくない（偽）が定ま
る．このような表現は論理の世界では**述語**と呼ばれる．述語論理の体系は
これを基本とする．その意味で論理学は述語論理とも呼ばれる．

　A を述語としたとき〜A で A の**否定**すなわち「A ではない」を表す．
これも述語である．

　上例の表現には変数 x を含む述語が使われている．問題解決に際して問
題表現および推論によって生じる中間の表現がこのような未知量 x を含む
とき，あるいは中間表現の述語そのものの真偽が不明なもの，が前述の未
知項である．

　問題解決過程の途中，例えば推論の途中で特定の要素がこの未知量に代
入されることによってこの述語が真になるとき，解が求まる．これは数学
的な変数の概念と同じ構造である．問題解決に際して，未知項が充足され

るとは，これを言う．

遷移知と AND 並置，OR 並置で表される遷移知の構文ならびに対象文形式で表された要素知，「すべての」と「少なくとも一つ」という真偽の成立条件，それに関わる変数など，上記集合関連で示した諸概念を，人類は経験を通して見いだし，知能化メカニズムを進化させた．これらは述語論理学の基本構造である．

論理学の形成

要素知である対象文と遷移知が意味言語の基本の知能表現であるが，言語としての体系を完結するために少数の付加文形を加えて意味言語の構文規則がつくられた．その構文規則のもとで表現された表現が意味言語における 3 種の知能表現—要素知，遷移知，行動知—である．

ある程度知能の発達した古代の人類が，このような方法で状態の変化を表すことのできる意味言語をつくり得たことは十分に考えられる．この中でいくつかの概念の表現に現代の述語論理学の記法を用いているが，意味言語ベースの知能化メカニズムの発展を目指した中期の現代人，例えば論理学の基本をつくったギリシャ人はこのような表記法を用いていたわけではない．しかしこれらの論理記号で表される概念には到達していた．

これを現代の人類が体系としてまとめたものが今日の論理学である．この根拠になっている論理体系を古代人が体系として惑うことなく理解したわけではない．さまざまな方式で世界の変化を表す試みをしたであろう．その過程で論理矛盾を生じるような表現がつくられたことも想像される．結果的に，合理的体系に合わない表現は捨てられ，しだいに正しい表現に収斂していき，ついに述語言語の体系に至った，というのが経験に基づく知能の進化過程であったろう．

自然言語を生成するまでに発展した意味言語の構造として，これはあまりに単純に見えるが，今日の論理学がそのようにしてつくられ，その論理学のカバーする範囲が，現代の一般人が理解する意味表現の範囲とするなら，そこに問題はない．知能進化の第 3 過程である論理の時代（**図 1.5** 参照）に入って以後，現代に至るまでの知能化メカニズムの機能の範囲を述

語論理学がうまく整理してくれているとすれば，それを用いて意味言語の範囲は理解しやすい．

/ **04　メタ記述**

メタ記述文

　言語系の新要素として欠かせないものにメタ記述がある．記述された事柄について記述することを**メタ記述**という．これは記述対象とされる文より記述レベルが1段上の記述である．メタ記述の形式を持つ言語は表現に意味の階層の概念を持ち込み，言語による状況記述能力を増す．

　以下では，この階層概念を明確にするために，現実世界内の具体的な対象あるいは出来事を表す文を**対象レベル文**，その対象レベル文について何ごとかを記述する文を**メタレベル文**と呼ぶことにしよう．これは記述のレベルのことであるが，対象レベル文は話題の対象とする事物についての記述であり，一番単純な形の対象レベル文が意味言語の基本要素の一つである要素知のことである．

　この関係はさらに上位の構造についても成り立つ．メタレベル文について記述する文があり，それをメタメタレベル文と呼ぶ，などである．さらに上位の言語階層もある．

　今日，これら上位表現の概念があること，それが言語機能の高度化に関わるということまでは理解されている．しかし実際に問題解決に関わるのは，これまではほとんど対象レベルの記述であり，メタレベル記述は問題解決過程で何らかの寄与が期待されるが，具体的にそれがどのように行われるかについては未だ必ずしも明確にされていない．以下では簡単な例を示すに留める．

メタ記述の例—表現の信頼度

　ここでメタ記述の簡単な例を示しておこう．意味言語で記述された対象文は対象に関する事実あるいは状態を表すが，原生言語と異なり意味言語では対象文が入力されたとき，記述者による記述誤りが生じたかもしれな

いし，意図的に事実と異なる記述をしているかもしれない．したがって表現されたもの，それ自体は必ずしも正しいと保証されているわけではない．

記述誤りが見いだされたときはその事実を明示しなくてはならない．対象文 A が誤りであるとき，その記述「A は誤りである」のようなメタ表現が必要である．これが意味言語としてのメタ文の発生動機と考えられる．これを**信頼度文**と呼ぶことにする．

最初は「A は誤りである」程度に単純であったが，現代では必要に応じて「A の正しい確率は p〔%〕である」程度に数値化される．以下，これを $\{A \mid p\}$ のように表す．p が一定レベル以下のとき，この対象文で表される状態は起こりにくいと判断され，捨てられる．

信頼度評価

さらに，遷移知に関しても，それが必ずしも確定的ではない場合がある．［もし‐なら］$\{A;B\}$ で A の遷移条件は満たされているが現実に遷移が生じる確率が $q\,(\leqq 1)$ である場合，これを［もし‐なら］$\{A;B \mid q\}$（もし A なら B である確率は q である）のように表す．

状態を表す対象文 A があり，これに遷移知［もし‐なら］$\{A;B\}$ を適用すると対象文 B が導かれた．もし現状の対象文，遷移知が確定的でなく，それぞれ「$A \mid a$」，［もし‐なら］$\{A;B \mid b\}$ であるとすると，この遷移知によって導かれる対象文は a, b の積 $a \cdot b$ を含む「$B \mid a \cdot b$」である．$a \cdot b$ の値が小さくなった場合は，この状態は破棄される．進化過程においてこのような遷移の効果を評価し，対応を取る方式も磨かれていったであろう．

これは遷移知そのものが確定的でない場合にも拡張される．［もし‐なら］$\{A;B\}$ 自体の表記が確実ではなく，信頼度が $r\,(r \leqq 1)$ である場合を想定する．これを，［もし‐なら］$\{\{A;B\} \mid r\}$ と表す．この実質的効果は［もし‐なら］$\{A;B \mid r\}$ と同様で，現況の対象文，遷移知がそれぞれ「$A \mid a$」，［もし‐なら］$\{\{A;B\} \mid b\}$ であるとすると，この遷移知によって導かれる対象文は「$B \mid a \cdot b$」である．

信頼性管理

遷移知が 100% 正しいものでないとしたら，それを用いて解決過程で生成される対象文の信頼度は遷移知を適用するごとに低下する．信頼度があるレベル以下に落ちたらその連鎖は不成功として捨てるような問題解決過程の管理が必要になる．

「もし A なら B」，「もし B なら C」の信頼度がともに 70% とすると，対象文 C の成立する信頼度は 49% になる．C の成立する信頼度（確率）が 50% であることは C の成立しない確率も 50% であり，この系列は信頼度が低く破棄されなければならない．平均的人間でも思考時に意識的・無意識的にこのような進行管理を行っているものとして，意味言語の標準的知能化メカニズムに含める．

信頼度管理はすべての知能表現利用に際して行われ，重要なものではあるが，その内容は評価後一定のしきい値以下の表現は消去する，という程度に単純なものなので，表現が煩雑になることを避けて，以後の説明では信頼性管理は明示せずに進める．

記述世界を変えるメタ記述

信頼度記述はメタ記述の最も単純な例であり，その効果は個々のメタ記述の表現範囲に留まる．しかしメタ記述には対象とする対象レベル文を変更する働きを持つものも可能である．対象レベル文の全体は記述の世界すなわち知能活動の範囲を表しているから，この一部を変えることの効果は記述世界を通して問題解決の方式を変えること，すなわち試行錯誤を意味する．これは思考の一つの形態である．思考については第 5 章でも触れるが，そのようなメタ記述の方式などについては暴走を防ぐための配慮など検討すべき事項が多く，今後の問題としておこう．

4.3 / ニューラルネットワークによる遷移知および推論の実現

細胞構造による言語の実現

　言語はそこで表現される語や文の構文規則，内・外部からの情報をその構文規則に従って成形する機能，規則に従って文を照合したり置き換えたりする機能などの諸基本機能で定義される．1.2 節で，脳細胞レベルの構造でこの言語の規則を維持する動作（処理）が実現されれば，結果的に言語が実現し，以後はあたかも言語という実体が存在する如くに知能化メカニズムを実現することができると述べた（**図 1.4** 参照）．その言語によって学習を記述し，実行できれば，進化を待たずに，意図的に環境に適応することができる．

　意図的に環境に適応するとは，知能主体が環境に応じた望ましい状態をつくり出すことを意図し，それを言葉で表明したとき，処理系がそれを受けて自律的に学習し，その状態を生成する機能を持つことである．その条件は少なくとも知能化メカニズムがそのような高機能の言語を持つように細胞レベルの構造がつくられること，すなわち量的に十分な細胞構造がつくられるまでに進化が進んでおり，その細胞レベルで言語を実現できることである．ここでキーとなるのは細胞レベルの構造によって上記意味言語の言語仕様が実現されることである．その可能性を示そう．

ニューラルネットワークによる推論の構造

　前節で意味言語の構成要素についてあらましを述べてきた．その基本は遷移知とそれによる推論機能の実現であった．記号レベルで定義されたこれらの機能が細胞レベルでどのように表されるか，を簡単な例で示す．ここで細胞レベルとはニューラルネットワークのことである．ニューラルネットワークで遷移知と推論が表されることが示されれば，進化によって言語のような複雑な構造が実現することは期待せずに済む．進化のレベルに期待されるのは十分な量のニューロンがつくられることまでであり，言語の生成は以後その上での学習によって実現される．

例としてある組織内の人の集合を想定する．これを D とする．D は m 人の人の集合 $D = (a, b, c, \cdots, m)$ で，これを記述対象とする．D の各要素ごとに何かの状態が想定される．例えば「風邪をひいている」である．要素 a が風邪をひいているときの状態は要素知で「風邪 (a)」（a は風邪をひいている）と表す．風邪についての D の状態を（風邪 (a)，〜風邪 (b)，風邪 (c)，$\cdots$，〜風邪 (m)）のように表す．風邪 (a) は「a は風邪をひいている」，〜風邪 (b) は「b は風邪をひいていない」を表す．簡単のために風邪 (a) の状態を $F(a)$ と表そう．

風邪をひく，ひかないは確率的であり，各個人が風邪である確率を $\mathrm{Pf}(a)$, $\mathrm{Pf}(b)$, $\mathrm{Pf}(c)$, $\cdots$, $\mathrm{Pf}(m)$ とする．$\mathrm{Pf}(a)$ などは $F(a)$ などに対応する．D の状態はこれら全要素を並置した，$\boldsymbol{PF} = \{\mathrm{Pf}(a), \mathrm{Pf}(b), \mathrm{Pf}(c), \cdots, \mathrm{Pf}(m)\}$ で表される．

風邪がはやったために熱を出す人が続出した．風邪と熱の関係を表現するために熱についての D の状態を（熱 (a)，〜熱 (b)，熱 (c)，$\cdots$，〜熱 (m)）のように表す．「熱がある」を記号で $\mathrm{Ph}(x)$ で表すこととする．各個人が発熱する確率は $\mathrm{Ph}(a)$, $\mathrm{Ph}(b)$, $\mathrm{Ph}(c)$, $\cdots$, $\mathrm{Ph}(m)$ である．

上記の $\boldsymbol{PF}$ と同様に，「熱がある」についても D の確率空間 $\boldsymbol{PH}$ を定義し，$\boldsymbol{PH} = \{\mathrm{Ph}(a), \mathrm{Ph}(b), \mathrm{Ph}(c), \cdots, \mathrm{Ph}(m)\}$ とする．

D に関するこの二つの状態間に相互作用があるものとして，これを表す関係式を

$$\mathrm{Ph}(a) = \mathrm{Pf}(a) \cdot w_{11} + \mathrm{Pf}(b) \cdot w_{21} + \mathrm{Pf}(c) \cdot w_{31} + \cdots + \mathrm{Pf}(m) \cdot w_{m1}$$
$$\mathrm{Ph}(b) = \mathrm{Pf}(a) \cdot w_{12} + \mathrm{Pf}(b) \cdot w_{22} + \mathrm{Pf}(c) \cdot w_{32} + \cdots + \mathrm{Pf}(m) \cdot w_{m2}$$
$$\cdots\cdots\cdots$$
$$\mathrm{Ph}(i) = \mathrm{Pf}(a) \cdot w_{1i} + \mathrm{Pf}(b) \cdot w_{2i} + \mathrm{Pf}(c) \cdot w_{3i} + \cdots + \mathrm{Pf}(m) \cdot w_{mi}$$
$$\cdots\cdots\cdots$$
$$\mathrm{Ph}(m) = \mathrm{Pf}(a) \cdot w_{1m} + \mathrm{Pf}(b) \cdot w_{2m} + \mathrm{Pf}(c) \cdot w_{3m} + \cdots + \mathrm{Pf}(m) \cdot w_{mm}$$

とする．w_{ij} などは調整パラメータである．このような組合せ的な表現は，通常，行列を用いて表される．すなわち行列 $\boldsymbol{TN}$ を用いて，生体でのニューラルネットワークの働きは $\boldsymbol{PG} = \boldsymbol{PF} \times \boldsymbol{TN}$ と表される．

$$TN = \begin{vmatrix} w_{11}, w_{12}, w_{13}, \cdots, w_{1m} \\ w_{21}, w_{22}, w_{23}, \cdots, w_{2m} \\ \cdots\cdots\cdots \\ w_{i1,} w_{i2}, w_{i3}, \cdots, w_{im} \\ \cdots\cdots\cdots \\ w_{m1}, w_{m2}, w_{m3}, \cdots, w_{mm} \end{vmatrix}$$

である.

　TN は入力の出力への寄与を表し，一般には入力‐出力間の変換として，遷移行列と呼ぶ．この表現は入力を PF, 出力を PH とした**図 4.1** のニューラルネットワークの機能表現にほかならない[大 10].

　これは二つの状態（風邪と熱）間の関係を表す一般式である．ここにある論理的制約が加わると，二つの状態間の数理的関係が論理的な遷移知（$\forall x/D$）［もし‐なら］{Pf(x);Ph(x)}（風邪をひいた人は皆熱を出す）として表される．この論理的制約とはどのようなものであろうか．

　実は［もし‐なら］{Pf(x);Ph(x)} は論理的に $\sim$ Pf(x) $\lor$ Ph(x) と同じであることがわかっている．したがってこのニューラルネットワークがつくる TN が（$\forall x/D$）［もし‐なら］{Pf(x);Ph(x)} を表しているとしたら，TN の中で Pf(x) と Ph(x) の組合せが $\sim$ Pf(x) $\lor$ Ph(x)（x は a, b, c, $\cdots$, m）のみが 1 で他は 0 のものである．逆に，$\sim$ Pf(x) $\lor$ Ph(x) の否定である Pf(x) $\land$ $\sim$ Ph(x) 項がすべて 0 であれば（x は a, b, c, $\cdots$, m），こ

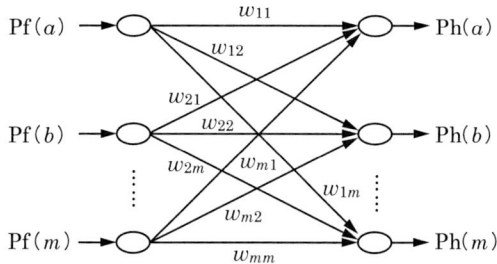

図 4.1　F と G の相互関係を表すニューラルネットワーク

のニューラルネットワークは遷移知（$\forall x/D$）［もし‐なら］$\{\mathrm{Pf}(x);\mathrm{Ph}(x)\}$ を表すことを意味する．例えば D 内の要素 a について $\mathrm{Pf}(a)\wedge\sim\mathrm{Ph}(a)$ の事例が存在する場合，すなわち「a が風邪をひく」，から「a は熱がない」に移る事例がある場合，もはや（$\forall x/D$）［もし‐なら］$\{\mathrm{Pf}(x);\mathrm{Ph}(x)\}$ は成立しない．この結果は**図 4.2** のような単純な構造のものになる．

　このような遷移知は，事例からの学習によって求まる．風邪と熱の例では，事実データに基づいてパラメータ w_{ij} を繰り返し修正する．もし事実データとして $\mathrm{Pf}(x)$ と $\mathrm{Ph}(x)$ 間に（$\forall x/D$）［もし‐なら］$\{\mathrm{Pf}(x);\mathrm{Ph}(x)\}$ の関係があるなら，出現したデータからの学習によって，上記の遷移関係を表すニューラルネットワークがつくられる．

　遷移関係とはこのように単純な関係を表すものであるが，経験から言語としてのその利用効果が十分に高いものについて意味言語では［もし‐なら］関係のように特別の表現形式を定めたものといえる．［もし‐なら］関係が成り立たない関係の表示には**図 4.1** の一般形式を用いるほかない．

　ニューラルネットワークと述語論理の関係は，変化する環境を表すために意味言語をつくったとき，原生言語で確立された要素知の並置が正しい遷移関係であるか否かを確認するものといえる．

　以上，簡単化のため［もし‐なら］の前提条件を単一の状態 Pf のみで示したが，これが複数の場合への拡張は容易である．例えば事例から（$\forall x/D$）［もし‐なら］$\{\mathrm{Pf}(x)\wedge\mathrm{Pg}(x);\mathrm{Ph}(x)\}$ を検証する場合の学習条件は $\mathrm{Pf}(x)$ および $\mathrm{Pg}(x)$ から x 以外の $\mathrm{Ph}(x)$ への道筋が存在しないことである．

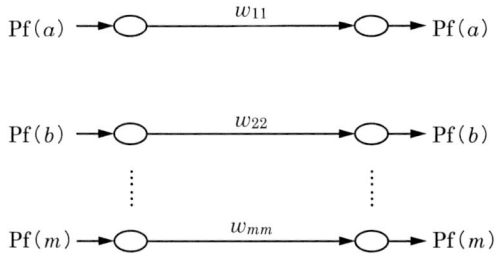

図 4.2　（$\forall x/D$）［もし‐なら］$\{\mathbf{Pf}(x);\mathbf{Ph}(x)\}$ 関係を表す ニューラルネットワーク

4.4 遷移知の源

　遷移知は異なる対象文間を結び付けることによって問題解決に深く関わる．したがって知能の高度化に極めて重要な役割を与えられている．では，その遷移知の発祥の源は何か．

4.4 01 事例からの遷移知の形成

事例から始まった遷移知と推論

　意味言語創生の時期に遷移知はどのようにつくられたであろうか．これを知る手掛かりは残っていない．要素知を並置するという発想が確立するまでは，古代人の中でも優れた知能あるいは感覚の持主が相関関係のある状態の事例から，これらの状態の並置をさまざまに試みたに違いない．そして前節で述べたニューラルネットワークの特殊な形状（**図 4.3**）の持つ特徴を見いだしたに違いない．もちろん古代人がニューラルネットワークを知る由もないが，自己の脳髄内に遷移文がつくられていく過程を，知能であるより感覚で捉えてきたのではないか．いずれにしても，要素知の並置が事例から始まったという考え方に大きな誤りはないように思える．

4.4 02 知識としての遷移知

知識としての遷移知

　遷移知の原型は原生言語で事実を表すとされた要素知の複合形として出発するとしたが，意味の時代に入り，記述範囲が広がるとともに標準的な遷移知は記号化されて，外部から取り込まれるものになる．この時代には要素知も必ずしも事実に留まらず，仮想対象に関する表現も増えてくる．このような情報は知識と呼ばれてきた．知能主体は機会があれば随時この知識型の遷移知を読み込んで問題解決に利用することができる．人の成長，社会の変化に応じて遷移知も増大する．

入力 – 行動関係の表現

知能構造の初期段階である生命構造には遷移知は存在しなかった．しかし生命体は遷移知による推論と同等の機能をもっている．これを 1.2 節にあげた「もし鷹が飛来したなら，（主体は）巣に戻る」を介して見てみよう．ここには二つの事象「鷹が飛来した」と「（主体は）巣に戻る」があり，前者が事実として生じたとき，後者が事実として発生するという，事実の発生に関する内在的関係を表している．

これは記号による遷移知であるが，この二つの事象が生物の脳内で直接結び付いた関係が生命構造の機能 $S \cdot V \Rightarrow S^* \cdot V^*$ であった．$S \cdot V$ は「鷹が飛来した」を，$S^* \cdot V^*$ は「（主体は）巣に戻る」のセンサおよびモータによる物理的行動を表している．原生言語は学習を通してこの二つの行動 $S \cdot V$ と $S^* \cdot V^*$ を別個に記号表現はするが，この二つの行動の関係すなわち状態遷移に言及することができなかった．

意味言語で，この二つの事象の関係を記号表現したものが上記例文である．意味的には生命体としての行動表現と記号的な遷移表現は同じである．これは生命構造で表されるほかのすべての事実関係についても同様である．$S1 \cdot V1$ を「$S1$ の行動が $V1$」，$S2 \cdot V2$ を「$S2$ の行動が $V2$」としたとき，この二つの行動間に $S1 \cdot V1 \Rightarrow S2 \cdot V2$ なる因果関係が学習により形成されたなら，それは意味言語で記号化されて「もし $C_{S1 \cdot V1}$ なら $C_{S2 \cdot V2}$ である」と表される関係と同等の関係にある．$C_{S1 \cdot V1}$ はいうまでもなく $S1 \cdot V1$ の記号化表現であり，形態素化により $C_{S1} \cdot C_{V1}$ である．$C_{S2 \cdot V2}$ についても同様である．この関係が「もし–なら」関係で，形式的には ［もし–なら］ $\{C_{S1} \cdot C_{V1} ; C_{S2} \cdot C_{V2}\}$ と書かれる．これは ［もし–なら］$\{$ソクラテス（C_{S1}）は人である（C_{V1}）；ソクラテス（C_{S1}）は死ぬ（C_{V2}）$\}$ と同形である．

これは体験学習を経て見いだされた事実関係の記述の例である．学習の結果として関係付けられた行為は，言語化すると例外なく「もし–なら」関係に対応する．

行動表現は常に事実を表しているから，記号的な問題解決過程で表れた状態表現がこの行動型表現の条件部と一致したとき，その結論部が実行さ

れて連鎖の最終となる．体験学習を経なくても人為的な行動表現を与えて
この知能的行動を積極的に行うことができる．これは知的制御系や自動制
御系のように，知識を通して行動が駆動されるメカニズムを実現する．

同義表現

　遷移知は順序関係にある要素知の組で定義された．変化を表すのに都合
が良いからである．このほか，意味的には順序のない並置文として準備さ
れた AND 並置文や OR 並置文とも異なる対象文の関係として，やはり順
序のない同義関係がある．これを表す特別な並置関係を意味言語の構文に
含めなかったのは，構文規則の冗長性を減らし，できるだけ単純にすると
いう方針によるものであろう．同義関係は順序関係のある遷移知の複合形
として表せるからである．

　二つの対象記述文 A と B が意味的に同じであるなら「もし A なら B」
が常に成り立つ．例えば文 A「対象 1 は対象 2 の右にある」と文 B「対
象 2 は対象 1 の左にある」は ［もし‐なら］｛対象 1 は対象 2 の右にある；
対象 2 は対象 1 の左にある｝（＝［もし‐なら］$\{A;B\}$）のように表される．
同義であるから ［もし‐なら］$\{B;A\}$）も同時に成り立つ．一つの関係を
二つの遷移知で表す煩雑さが生じるが，基本的な構文規則を単純にする効
果が大きい．

遷移知集合の自己拡大

　推論の機能は二つあるいはそれ以上の ［もし‐なら］関係の遷移知間に
特別の結合関係をつくる．例えば［もし‐なら］$\{A;B\}$ と［もし‐なら］$\{B;C\}$
という二つの遷移知があるとき，これらから ［もし‐なら］$\{A;C\}$ が成
り立つ．これは以前にはなかった遷移知であり，知能化メカニズム内で知
能表現として最初に与えられた ［もし‐なら］遷移知がこの関係のもとで
自動的に増えていくことを意味する．いくつかの「もし‐なら」遷移知
の集合があり，その中に上記の関係を満たす「もし‐なら」遷移知がある
ときは，それから生成される「もし‐なら」遷移知が加わって，元の知能
表現の集まりが自動的に拡大する．このような論理的背景を持つ「もし‐

なら」遷移は多重の遷移を行っても論理的正当性を失うことなく，問題解決に際して安心して使うことができる．

03　遷移知の取込みと記憶

遷移知の取込み

　問題解決ではあらかじめ十分な遷移知が事前に入力され，蓄えられていることが望ましいが，多くの場合，問題解決時に必要なすべての遷移知がそろっているとは限らず，必要に応じて付加していくことになる．

　遷移知は記号入力として外から取り込むことができる．例えば他者の持つ遷移知を学んで入力することができる．対象文や遷移知などはすべて記号からなり，生命構造内のセンサの記号入力端で受け取られる．対象文は $C_{S1} \cdot C_{V1}$，遷移知は $[\textbf{もし} - \textbf{なら}] \{C_{S1} \cdot C_{V1}; C_{S2} \cdot C_{V2}\}$ である．

　センサの記号入力端で受け取られた記号入力は，行動部では記号生成部に送られ，ここで**図 1.5** の底辺にある脳神経細胞に蓄えられる．これがミクロレベルでどのような過程で行われるか詳細は明らかではないが，いかなる方法であるにしても，外部からの入力記号が脳細胞に蓄えられ，問題解決に関わる事実は存在する．

　この機構のもとで，問題解決の最中にも新しい遷移知を加えることができる．もし外界での新しい関係の発見を遷移知として取り込むことができれば，新しい問題解決が可能になる．ただし，入力される遷移知の正当性が無条件に保証されているわけではないので，入力の管理が必要である．

遷移知の記憶形態

　問題解決は問題を記述する対象文から開始し，条件部の一致する遷移知を遷移知の記憶から探し出して，結論部を次の対象文とする．これによって対象文の**連鎖**がつくり出される．この際，生物系では全記憶の同時参照がなされるものと仮定する．

　入力されたままの形で各細胞に記憶された遷移知が直接参照され，処理中の問題解決に関わるものが残されて，連鎖が生成される．この動作は，

あたかも知能化メカニズム内で対象文同士が遷移知を介して構造化されていて，この構造内を遷移知を辿って検索するのと同じ結果になる．**図 4.3** にこの見掛けの構造の簡単な例を示す．

　人工系の手段，例えばコンピュータで実践するときは遷移知の同時全探索はなされず，入力時に前もってこのような構造を知能化メカニズム内につくっておいて検索することになる．この 2 種の検索行為は，結果は同じものであるが説明の便宜上，以下では後者を基に議論を進める．**図 4.3** の構造を遷移知構造と呼ぶ．

　現代では複数対象文の並記文は遷移知と AND 並記や OR 並記であるとしたが，将来，知能進化によりこれ以外の並記が作り出される可能性を残し，一般化して表記を簡単化する．意味言語文の中にある対象間のさまざまな関係を総括的に Rel と表す．文 A および文 B が Rel という関係にあることを Rel$\{A;B\}$ のように表そう．「もし A なら B である」もその一つで，[もし‐なら]$\{A;B\}$ である．このときは Rel ＝［もし‐なら］である．

　なお，一般形は複数個の条件文を持つ Rel$\{A_1, A_2, \cdots, A_m;B\}$ であり，**図 4.3** には一部それを含めているが，ここでは混乱を生じないようできる限り Rel$\{A;B\}$ と簡略形で話を進める．また厳密にいえば各要素知，遷移知は表現形として信頼度を含み，それに基づいてこの探索行為が管理されるが，それら付随部分は省略し，以下 Rel$\{A;B\}$ をもとに議論を進める．

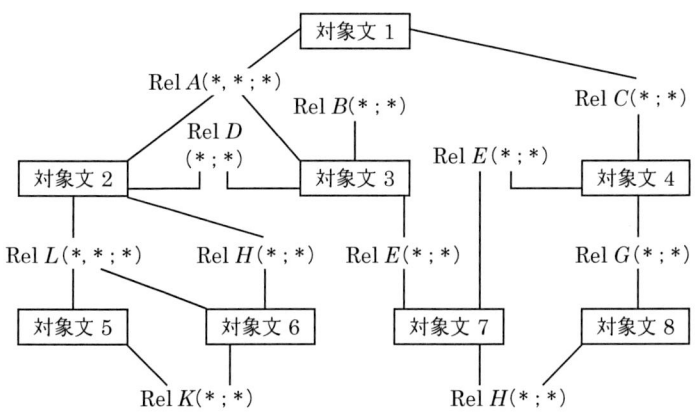

図 4.3　遷移知構造

4.5 / 知能活動の原型―規格型の問題解決

4.5 / 01　2段階の問題解決

問題表現と解形成

　　まず基本的な知能活動から始めよう．言語による知能活動の基本は問題
解決である．ひとことで問題解決と言っても，実世界での現れ方は多様で
あり，問題解決という表現からは想像できない機能を要する高度の知能活
動を表すものにまで広がる．このような拡大機能については第5章で述べ
ることとして，ここでは問題解決の最も単純な基本的な形式を扱う．この
問題解決は，大きく分けて2段階に分かれる．①与えられた問題を正し
く表現し理解する前段（**問題表現**）と，②この問題表現に対して，遷移知
構造から必要な要素知を探し出して対象文の**連鎖**をつくり上げる後段（**解
形成**）である．

4.5 / 02　問題表現とその多様化

問題表現―言語間翻訳と意味記述

　　問題表現とは，解決したい問題を意味言語の構文規則に基づいて正しく
表現することである．一般に問題解決の要求は自然言語で表され，問題は
自律的に解決されるものとすると，表現問題は第一に自然言語を内部の意
味言語に変換する記号言語間の番飛訳（形式的変換）を行うこと，第二に
与えられた問題の意味が意味言語で正しく表現されることである．本書で
は主として後段の意味言語の記述に重点を置く．

　　問題の自律的解決とは知能化メカニズムのみによって，すなわち，定め
られた形式の言語仕様と遷移知・要素知の範囲で（それ以外の助けを借り
ることなく）解を見いだすことである．その条件は問題解決の全過程が形
式化され，言語機能によって実行されることである．

知能活動の高度化と問題表現

　問題解決の基本形から始めよう．基本形とは問題解決の対象が明示され，解がユニークに定まる問題とする．基本形の問題解決を，特に規格型問題解決と呼ぶ．その場合,問題解決時の問題表現は難しくない．意味言語ベースの知能化メカニズムによって最初に形式化（自律化）されたのは，この規格型の問題解決であった．その後，この基本形を超えた，より高度な問題解決の要求が発生し，その表現に特殊な知的機能が要求されるようになった．その結果，意味言語には多様な知的機能に対応できる記述力が要求されるようになった．その要求を満たす努力によって，意味言語とそれに基づく現代の人間の知能化メカニズムはより高度のものに進化した．それを人工的手段で模擬することができれば，より高度の知能活動を行う人工知能が実現する．

　人間の知能化メカニズムによって実現されている知的機能があり，その手順が形式化されていなかったなら，人間にはできるが人工化は困難な知的機能があることを意味する．これとは逆に，知的機能の手順はわかっていても，人間にはそれを実現できず，人工的手段でのみ実現されたものがあったら,知的活動の面で人間を超えた人工物が存在することを意味する．人間知能と人工知能を対比するという究極の目的を遂行するためには単純な論理を超えた知能活動を明らかにする必要がある．規格型を超えた問題については第5章で述べる．

4.5／03　規格型問題解決の解

規格型問題解決での解の形成

　まず規格型問題解決について，問題解決の二面のうち後段の解生成がどのように行われるか，から始める．

　遷移知が $\mathrm{Rel}\{A;B\}$ のような2項の連結を基にした場合，つくられる連鎖構造は対象文の直列配置であった．例えば知能化メカニズムは**図4.3**の要素知構造を持ち，これで問題を解決するとしよう．問題文は対象文1で

表され，Rel C と Rel G が［もし‐なら］遷移とする．問題解決機能でつくられるのは［もし‐なら］遷移を辿って得られる連鎖であり，「対象文8」が終結条件を満たすとすると，ここで解探索が終了し，**図4.4**（a）の構造が得られる．

前進推論と後進推論

　注意すべきは，先の説明では遷移知の［もし‐なら］$\{A;B\}$ を条件項 A から結果項 B に辿るとしたが，ここではそれと逆に，問題記述から始まり，遷移知の結果項から条件項に逆に進んでいることである．すなわち問題の解を見つけるには，結論部が問題表現と一致する遷移知を探し，その条件文を取り出して新たな問題とする．その解が見つかれば，例えばその中に問題の中の未知項を満たすものがあれば，それが原問題の解であり，満たさなかったら，すなわちそれが解でなかったら，それを次の問題とみなして同じことを繰り返す．このようにして対象文の連鎖をつくる．これを**後進推論**と呼ぶ．これに対し条件項から始めて結果項を取り出して同様なことを行うのを**前進推論**と呼ぶが，これは解探索の技法の問題であって，本質は同じである．［もし‐なら］関係で条件部が複数個ある場合は後進推論が一般的である．

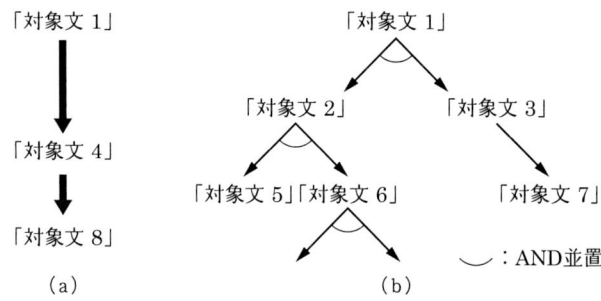

図4.4　概念構造

04 問題解決の手順

問題解決の手順

　問題解決の筋道を簡単に示しておこう．（ⅰ）問題解決は未解明項を含む問題表示から始まる．後進推論を前提として，（ⅱ）知能化メカニズム内部に保有する遷移知のうち結論部がこの未解明項と同じか，それを意味的に含む（含意する）ものを探して，（ⅲ）その条件部から新しい問題表現を生成する．これを繰り返して連鎖を生成する．（ⅳ）未解明項を含意する対象文が見いだされたら，そこから解を生成して終わる．

　この過程の実現には「問題文」と遷移知を照合し，問題文を遷移知の条件部によって置き換えなければならないが，それは正しく認識された対象についてのみ可能である．

　4.2.2 項にあげた例を用いて，「ソクラテスは死ぬか？」という問題で考えよう（ⅰ）．遷移知 $(\forall x)$［もし－なら］$\{(x,\,人);(x,\,死す)$ の結論部 $(\forall x)$ $(x,\,死す)$ すなわち「すべての x は死ぬ」は未知項「ソクラテスは死ぬ」を含意しているのでこれを用いる（ⅱ）．含意とは包括的な記述が正しければその中の，より小さな範囲の記述も正しいとすることである．そこでこの条件部を取り出し，新しい問題とする（ⅲ）．その際，新しく対象とする事物の範囲はもはや「すべての x」である必要はない．含意された小さな範囲の記述，ここでは「ソクラテス」で十分であるから，そのように範囲を限定する．この結果，新しい問題は「ソクラテスは人か？」になる．人名データにソクラテスの名前があり，これは「ソクラテスは人である」という対象文に相当するので，回答は「しかり」である（ⅳ）．

05 規格型問題解決の形式化

問題解決過程の形式化

　以上を形式化しておく．問題解決の基本が成り立つ条件は，後進推論により問題表現と「遷移知の結論部」間の照合ができることであった．遷移

知は記号で表されているから

　　　問題表現；$(\exists x)\{C_{S1}\cdot C_{V1}\cdot C_{O1}\}$

　　　遷移知；［もし－なら］$\{C_{S2}\cdot C_{V2}\cdot C_{O2}; C_{S1}\cdot C_{V1}\cdot C_{O1}\}$

があるとき，この両表現の $C_{S1}\cdot C_{V1}\cdot C_{O1}$ を照合し，一致したら

　　　新問題表現；$(\exists x)\{C_{S2}\cdot C_{V2}\cdot C_{O2})\}$

を生成して新問題とすることである．$(\exists x)$は中に含まれている対象 $S1$（主体）あるいは $O1$（目的）の表現内に未知変数があり，表現としての意味の正しさを保証するようにその値を求めることが要求されることを表している．上記過程が成り立つためには，記号として $C_{S1}\cdot C_{V1}\cdot C_{O1}$ が問題表現と遷移知間で一致（正確には含意）することが条件である．

　それには比較されるべき対象が問題表現と遷移知でともに同一のものとして**明示されていること**が条件である．これが規格型問題解決の特徴である．

4.5　06　遷移知の一般形式

遷移知の一般形

　先述したように，現実には［もし－なら］遷移知はこれより複雑な［もし－なら］$\{A_1, A_2, \cdots, A_m; B\}$ で，B という結論を生じるためには $A_1, A_2, \cdots, A_m$ のように多くの条件を満たす必要のあることが多い．後進推論に基づき，**図 4.3** で今度は Rel A，Rel L がこの形の［もし－なら］遷移であるとすると，生成される連鎖の骨格は**図 4.4**（b）のように横方向に広がりを持った樹状構造になる．この場合，探索終結にはこの構造のすべての枝の末端記述文が終結条件を満たさなければならない．この例で対象文 5 と対象文 7 については既存の事実が存在して終結するとして，残りの対象文（対象文 6）が未知の状況を表す．これに対応する次の対象文を探す．

概念構造

　このようにして問題解決が行われるが，現実の問題ではこの樹状構造が深さ，広がりとも大きくなり，解決に困難をきたす．1950 年代から始まった第 1 期の人工知能研究でこの問題に関心が持たれ，それを解消するためのさまざまな解探索方式が試みられた．このような探索問題は人工知能の一部に過ぎず，大きな発展はなかった．ただし，この問題は人工知能の基本問題として今日でも研究が続けられている．

　意味言語による問題解決は初期には単純であったが，時代とともに表現が豊かになり，複雑な概念や微妙な心理的描写も可能になった．ここで概念とは「考えていることの総体」というほどの意味とする．問題解決とはまず概念の具現化を図ることから始まるという意味で，**図 4.4** のように要素知でつくられた解探索の構造を**概念構造**と呼ぼう．**図 4.4**（b）は連鎖ではなく樹形であるが，この後，事実とされた対象文によって多くの枝が刈り取られ，最後に残った枝が解となる．その段階に至った後は頂上から末端までの一筋の連鎖になるので，**問題解決とは問題文に基づいて，要素知構造から要求に合った概念構造を切り出し，その中に解に至る連鎖を見いだすこと**といえる．概念構造は推論機能でつくられる．

　話を簡単化するため，**図 4.4**（b）型の概念構造は，問題が単一の単純な対象文から出発し，推論により問題解決過程で生じるものとしたが，現実の問題には一つの問題表現の中に多様な条件が含まれる複合的な表現を必要とするものがあり，状況によってさらに高度な知能が要望される．また遷移知を形成するのは原生言語でつくられる単純な対象文のみでなく，それらの複合形の場合もある．また，ときには問題表現の段階で単一の対象文ではなく，このような概念構造を形成しなければならない場合もある．この例を第 5 章に示すが，これも前記表現問題の一つである．

　このように規格型問題解決とは最初の問題表現から推論過程によって生成される終結に至るまで，概念構造の形態を変えながら解に至る連鎖を見

いだす過程であるが，高度化した問題ではしばしば言葉による問題の表現に困難をきたし，問題解決という基本の知的行為がいまだ十分に実現されていないことを示している．

4.5 / 08　エキスパートシステム

　以上述べたことはあくまでも人間の知能化メカニズムのもとで行われてきた方式であるが，この問題解決の原形は 1980 年代から 1990 年代にかけて人工化され，人工知能として一時隆盛した．これは**エキスパートシステム**と総称され，実用を目指して多くのシステムが開発された[上 85]．このときは「もし‐なら」型の遷移知は「**知識**」と呼ばれ，問題ごとにあらかじめ準備しておくものであった．このような遷移知を集めたものは「**知識ベース**」と呼ばれた．

　この問題解決方式は発展が期待されたが，現実の問題は単純化した論理学をベースに作られた言語では記述しきれず，小規模の応用に留まった．知能化メカニズムのさらなる進化が必要であった．

4.6 / 物語生成と表現能力

4.6 / 01　意味言語の記述力

問題解決と物語記述

　意味言語をベースにする知能化メカニズムにとって重要な機能は，一つには問題解決を可能にする論理性であるが，もう一つ見落とすことのできないのは物事の表現能力である．初期の意味言語が今日の自然言語に発展し，大きな記述力を持つようになったが，記述力の源泉は意味言語自身にある．

これまで述べてきたように，問題解決の機構は論理性を満たしているが，それは問題の解を得るために条件に応じて表現形式を制約していくことでもある．そのため，論理性と記述性というこの二つの条件は相反する要件になり得る．そこで問題解決機構の存在を前提として知能化メカニズムの記述力について考えてみよう．

記述力の条件

　記述力の原則は，許されるべき，そして望ましいいかなる事柄も言語で表現できることである．言い換えれば，問題解決での各種機能を果たすために知能化メカニズムに課せられるさまざまな制約によって自由な表現ができなくなるようなことがないこと，とする．ただし知能化メカニズムは知能の奥にある意味構造であり，自然言語はそれの外部表現である．この言語化（外化）の過程に多少の困難があったとしても，意図する意味表現に対応する外部表現がつくれれば知能化メカニズムとしては十分な記述力があるものとする．問題は言語そのものより，言語に外化される前の知能化メカニズムにある．

　意味言語は完全に記号化された言語であることによって，比較的自由に要素知を表せること，実体としては存在しない架空の対象に関する架空の事象の概念をも表現できることなど表面的には制約が少ない．例えば新しい建造物を計画する場合のように，いまだ実在しない対象物について述べることができる．

4.6／02　遷移知の多様な外化

遷移知の多様な外化

　知能化メカニズム内の遷移知は定型的に表現されるが，すでに述べたように，一つの遷移知が状況に応じて，多様な方法で言語化される．また，要素知，遷移知などを随時定義して知能化メカニズムに入力しやすいことも，間接的に全体としての記述力に貢献している．このように意味言語の一つ一つの文章レベルでの，局所的な表現力は高い．

それでは大きな物語を記述する場合はどうであろうか．多数の文章から
なる大きな文章構造を自由につくり出せるであろうか．これができれば知
能化メカニズム全体としての記述力が保証される．

　これまで述べてきたように，問題解決は，問題文から始めて知能化メカ
ニズム内にある遷移知を検索しながら，終了条件に達するまで対象文の**連
鎖**をつくることであった．［もし‐なら］型の遷移知は推論機能によって
矛盾のない連鎖を生成することが保障されている．

4.6 / 03　連鎖が解である問題―物語生成

物語生成としての問題解決

　このように問題解決時につくられる連鎖の最終の対象文で解の条件が満
たされる場合のほかに,対象文の連鎖そのものが解である問題解決もある．
報告書をつくる，行動計画をつくる，作文をする，小説を書く，などがそ
れである.会話という極めて日常的な行為もその一つである.連鎖内の個々
の対象文は現実世界あるいは仮想世界の出来事を表しているから，遷移知
を介してつくり出される文の連鎖は一連の出来事の系列を表している．こ
れは一つの**物語**といってもよい．

　物語自体を解とする場合を問題解決に含めるとすると，問題解決とは**望
ましい物語**をつくることと一般化できる．知能化メカニズム内の遷移知が
物語をつくるように働くが，存在する［もし‐なら］型の遷移知を用いて
概念構造をつくる限り誰がやっても同じ結果に行き着く．逆に遷移知を変
更すれば物語構造も変化する．

　このように問題解決機構は見方を変えれば物語生成機構である．物語作
者は意図する物語内に想定する多くの場面の推移を状態記述の組として順
序付き系列として並べ，その間の状態変化を遷移知によって表せば，問題
解決機構が場面転換の系列として物語の骨格を生成する．

/**04 プロットの生成**

知能化メカニズムの表現力

　以上は文構造の基本的なつくり方であるが，例としては簡単すぎる．一般には［もし‐なら］遷移は条件部が複数ある［もし‐なら］$\{A_1, A_2, \cdots, A_m ; B\}$であり，このときの概念構造は**図 4.4**（b）のように横に広がった樹状構造になる．広がった枝の先の状態表現を始末するために新たな状態や遷移知を付加することや，外化の際にこれを一筆書きのように辿る順序を決める（**図 4.5**（a）），あるいは個々の樹形要素ごとに記述する（**図 4.5**（b））など，想定する物語構造に達するまでには当然のことながらさまざまな外化の手法が用いられるし，手間が掛かるが，作者の欲するあらゆる表現をつくり出せるという意味で知能化メカニズムとしての表現力は十分にある．

プロットの生成

　このような方式でつくられるのは物語の全体構成，いわゆるプロットであって，次の段階でこれを最終的に言語表現で表す．プロットをつくることは文章作成において重要なステップであるが，これは基本概念である対象文同士の間に論理性を導入することにほかならない．この構造は問題解

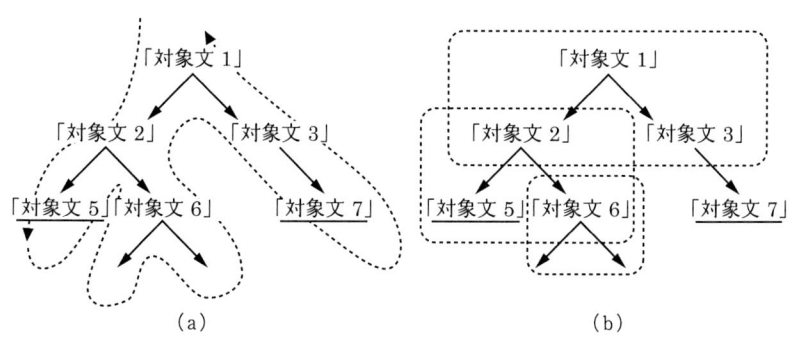

（a）　　　　　　　　　　　　（b）

図 4.5　記述順序選択

決の過程と同じ方式でつくられるから，作文上の最小限の構造制約である．すなわち問題解決として保証しなければならない論理性からくる構造制約と文章の構造を定める構造制約は同じであり，記述が制約されることはない．

　文筆家にとっては最終的な言語表現が命といえるので，外化の部分が重要である．作成された物語の評価は基本構成とその言語表現の全体で行われる．

　このように意味言語は，物語をつくるに際して，結果責任は物語作者本人にあることをあらかじめ定めておくことによって，論理性を主とした問題解決と表現性を主とした物語生成の両方に対応する言語になっているといえる．

4.7 / 意味言語ベースの知能化メカニズム

　以上をまとめて意味言語を基盤とする知能化メカニズムの構成を整理してみよう．これまで述べてきたように，この段階の知能活動をひとことで表せば，人による自然言語に基づく活動をすべて含み，その内容は多岐にわたる．今なお進化していることもあって確定的に述べることが難しいが，**図 1.5** の初期 2 段階に続いて第 3 段階の知能化メカニズムについて，

  ① **基本形式とそれに基づく知能要素**
  ② **対象とする問題の範囲**
  ③ **問題の解の表現法**
  ④ **解の生成方式**

を示しておこう．

　これらはいずれも人の知能化メカニズムの内部形式であり，すでに述べたように現実にはこの内部表現はすべて外部形式である言語に変換される（外化）．この部分の翻訳過程はここには含めていない．

　①**の基本形式**は評価値（信頼度，その他）の表現を含む意味言語表現，

すなわち要素知と3種の並置文（遷移知，AND文，OR文）を基本の構文とし，それの論理的推論処理系，集合的構造処理系，評価値処理系などである．本書では記述を簡略化するため信頼度の表現と処理は省略している．

②の対象とする問題の範囲は，意味言語で表現される規格型問題の解決，物語生成と会話，行動機構を通しての物理的行動など．

③の問題の解の表現法は，未知項を含む問題表現に対して，遷移知を介して得られる事象連鎖による問題の解，あるいは解の連鎖からつくられる物語の言語表現．

④の解の生成方式は，知能化メカニズム内部に保有する遷移知（述語）のうち結論部がこの未知項を含意するものを探して，その条件部から新しい問題表現を生成する．これを繰り返す．問題表現に含まれる未知項を含意する対象文が見いだされたら，そこから解を生成して終了する．

第5章 知能進化の新たな段階

[問題の多様な現れ方]

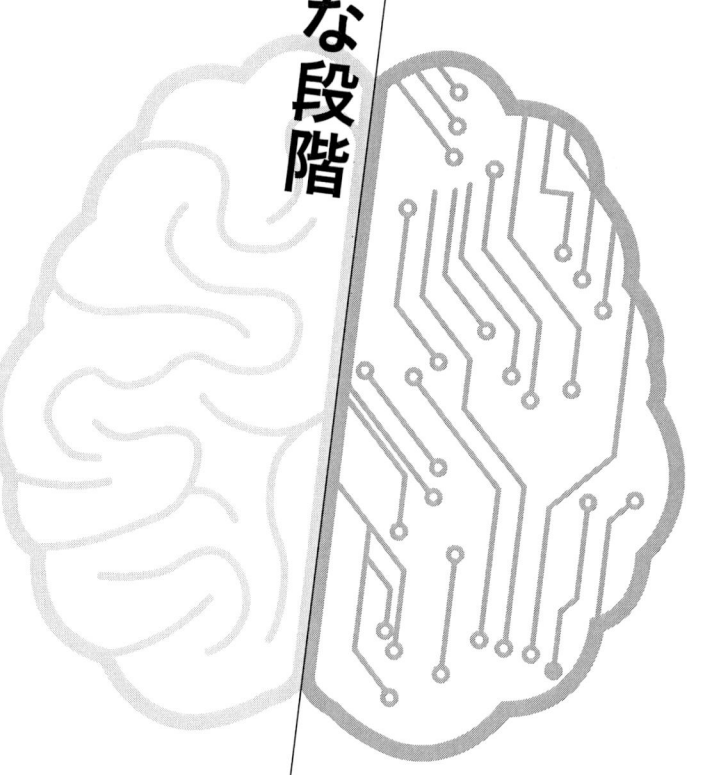

意味言語ベースの知能化メカニズムによって当初形式化されてきたのは規格型問題解決のみであったが，社会の発展に伴って問題の現れ方，その処理の条件などが変化し，それに応じた新たな知能活動が必要とされるようになった．その要求を満たすために，現代人の知能化メカニズムは，より高度のものに向けて新たな発展が望まれる．それを人間知能として実現し，さらに形式化できれば，人工的手段で模擬することができ，より高度の知能活動を行う人工知能が実現することが期待される．以下では，5.1節でまず規格型問題解決の枠に入らない問題の例をあげ，5.2節でそれらへのアプローチの現状を示す．

5.1 / 知能活動の高度化の例

　問題解決とは最初の問題表現から推論過程によって解が生成される終結に至るまで，概念構造の形態を変えながら，解に至る連鎖を見いだす過程とした．これは規格型問題解決についていえることであるが，現実には問題が高度化してそれで治まらない難しい問題が増えてきている．本節で高度化問題のいくつかの例をあげ，それらに対する解へのアプローチを次節で示す．

　高度化問題で何が難しいか，まず二つの例を示す．その特徴は，いずれも，問題とされている対象が明示されていないことである．この場合，問題解決の二つの段階—前段の問題表現と後段の解形成—のうち前半の問題表現に独特の難しさが生じる．第一例は，対象そのものは問題表現として現れず，代わりにその性質が表現されている場合，第二は対象自身もその性質も見えておらず，ただ対象が発するデータのみが見えている場合である．前者を **隠れた対象の問題**（5.1.1 項），後者を **見えない対象の問題**（5.1.2 項）と呼んでおこう．一方，後段の解形成が困難な高度問題もあり，その例として，単一問題の解が複数生じる場合と，問題の規模が大きく複雑な場合をあげる．前者を **複数解問題**（5.1.3 項），後者を **大規模問題**（5.1.4 項）

と呼んでおく．いずれも問題解決の形式的な取扱いが困難な例である．

/**01　隠れた対象の問題**

隠れた対象の例

　［もし－なら］$\{A;B\}$ 型の遷移知において，A, B は要素知（対象文）と
したが，これまでの議論では，その主体（S）や行動対象（O）の内部に
ついては触れずにきた．例としてしばしば用いた「もし鷹（S_A）が飛来
した（V_A）なら，主体（S_B）は巣（O_B）に戻る（V_B）」では，対象は「鷹」
や「主体」のように単体であった．

　実際の遷移知ではこれが複数の集合体であったり，実体の代わりにその
性質などが前面に出て，対象はその陰に隠れている場合もある．単純な例
として，次のような問題から始めよう．

　【例 5.1】　ある会社 S で，「社員の平均給与はいくらか？」の調査を行
　うことになった．

　　これは問題表現が単純で，$(∃x)[S, 平均給与, x]$ と表される．この
　ときの処理の対象は集合 S であり，遷移知として ［もし－なら］$\{A;$
　$[S, 平均給与, x]\}$ があれば，これは概念構造を生成する典型例であ
　ることがわかる．ここで A は社員 S の平均給与を求める具体的方法
　（S 内の要素の値の総和を取り，要素数で割る）を表す対象の表現で
　ある．S が明示されているとき，A を表すのは簡単で具体的表現は次
　の例の解法（5.2.1 項）で示すが，ここでは表現を簡明にするため単
　純に A で表しておく．

　この問題は A を実行して終結条件を満たし，同時に未知数 x が求まっ
て終わる．これは問題解決の基本形すなわち規格型問題解決である．

　次にこの発展形ともいうべき次の問題を考えよう．

　【例 5.2】　「会社 S の社員の中で，子供を持つ人の平均給与はいくらか？」
　　この形の設問は現代では特殊なものではなく，集団に関するデータ処
　理のごく普通の形のものである．しかし【例 5.1】では平均給与とい
　う解を求めるために必要な対象の集合 S が明示されていたが，この

問題では解を得るうえで必要な集合は S の一部（部分集合）であることがわかっているだけで，その集合そのものではない．すなわち対象が明示されていない．代わりに対象を決める条件（子供を持つ）が与えられているに過ぎない．

解の生成には上記の遷移知と類似のものが使われるが，このままでは適用できない．

質問は集合の概念を含めて表すと，

「社員（集合 S）の中で，子供を持つ（条件 Pr）人達（集合 S の部分集合 T）の給与の平均値（Qr）はいくらか？」

となる．この段階で集合 S は既知であるが，解を得るために必要な集合 T は未知である．

この問題に対処するには，まず条件に合う社員の集合 T を見いだすことから始めなければならない．ここに，**条件に合わせて対象がつくり出す集合**，という概念が必要になる．これは物の集合の概念が論理と密接に関わるケースである．

データ選別機能

これを一般化すると，指定条件のもとで解に関わるデータ集合 T をつくった後，そこに入るデータに限定して解を見いだすメカニズムである．指定条件はメタ記述の場合も可能である．例えば信頼度を選別要因とすることにより，信頼度が要望値以上のもののみを選別して処理が行われることにより，解の信頼度が保証される．

5.1/02 見えない対象の問題―認識問題

さらに困難な問題の例として，対象が直接示されないばかりか，それを定める条件もなく，あるのは対象を観察して得られるデータのみの場合をあげる．この問題の本質を簡単な例で示しておこう．

対象の見える問題の例

【例 5.3】　ある学校で数学の教科指導に関する問題が生じ，指導方針の検討を行うことになった．目的は指導方針を変えることによって生徒の成績の向上を図ること，である．検討の対象は学生の集団であり，この集団としての対象の特性を知ることができれば問題解決を用いて，それを向上する手段が見いだされると期待された．しかしこの段階では目的を達するための手掛かりは何も得られていない．そこでテストを行って**表 5.1** のような点数のデータを得た．目標は点数分布をより良いものにすることであり，何が良い点数分布で，どうすればそれに近づけられるかが学内で議論された．

対象の認識

　あらゆる知的活動についていえること，それは目標に近づく第一歩は対象を正しく知ることである．しかしこの例では対象は明示されていない．処理する対象は個人ではなく学生集団であり，対象を理解するとは，学生集団としての（数学能力に関する）対象の特性を明らかにすることである．

　対象についての観察データは個人のテストの成績であるが，求める対象の特性は全学生の成績分布である．個人は対象である学生集団に属するから，個人データは集団の特性情報の一部を含んでいる．目的はこのデータ全体から対象の特性情報を抽出し，その集団としての対象構造（特徴）を

表 5.1　成績表

相川	24 点
飯田	38 点
内山	18 点
榎本	32 点
大内	98 点
…	…
…	…
和田	10 点

見いだし（認識し），問題を表現することである．対象の構造情報が得られれば，それに基づいて指導方針を定める，という次の行動（問題解決行動）に入ることができる．

【例 5.3】は極めて単純な場合の例で，対象である学生集団の構造は，成績データが正規分布をすること，この分布は平均値（μ）と分散値（σ）という二つの独立のパラメータで良く表されることがすでにわかっている．さらに正規分布の場合，実測データからの計算による平均値と分散値の求め方もわかっている．すなわち観測データから対象構造が容易に求まる．あとは得られた構造パラメータ μ と σ に基づいて，問題解決の後半，「μ を大きくし，σ を小さくする」ために効果的と思われる指導方針を見いだすという問題解決過程に入ることができる．

対象の見えない問題

これは個別データと集団の構造パラメータの関係が既知で，数学的に表されるまれなケースである．多くの現実問題では対象構造は不明で，それを知る手掛かりも乏しい．これまで人は経験と勘でこれを観測データから推定することで精一杯だった．このような状況は多くの分野で生じており，例えばスーパーマーケットの店長は売上げを伸ばすために翌日の天候（晴

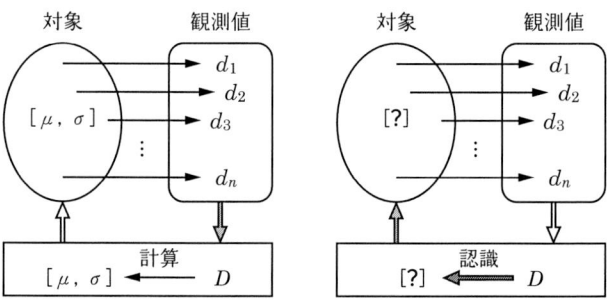

D：データ集合 $(d_1, d_2, d_3, \cdots, d_n)$
[?]：未知構造情報

（a）構造既知の対象 　　　　　（b）構造未知の対象

図 5.1　観測値からの構造・特徴推定

雨），気温，湿度，周辺での出来事，商品配置などのデータから客の物品購入傾向という対象構造を知りたいと思い，保険医学の専門家は患者の多種測定データから病気という対象構造を知りたいと思う．いずれもこれまで観測データから対象構造を科学的方法で知りたいと思いながらそれができないでいた．

図 5.1 にこの状況を表す．【例 5.3】に示した簡単なケースは同図（a）のように対象の構造パラメータと観測値の関係が知られており，構造情報が観測値から計算などの方法で直接求まる．一方，多くの現実問題では対象構造と観測値の関係が不明なため，同図（b）のように観測値から構造を推定しなければならない．観測値から構造や特性を推定することは認識という機能であり，同図（b）型のものは一般認識問題である．これは対象が発する観測データから，それを生み出した対象の特徴や構造を推定しようというものである．なお，表現について，ここでは対象の構造と表現したが，最近注目を浴びている後述のディープラーニングの分野では内部表現とか特徴などと呼んでいる．伝えたいことは同じであり，本書ではこれまで述べてきた文脈からあえて構造という表現を用いている．

対象の次元

対象構造を規定する項目の数を次元と呼ぶ．【例 5.3】では対象構造を表す項目は 2 個（μ と σ）であったから最小次元（二次元）の問題であり，二つの項目の間には相互関係もなく構造を見いだすことは容易だった．この二つのパラメータ（μ と σ）を併記すれば対象構造の表現ができた．対象構造を表す項目がもっと大きな値であるとき，例えば対象の特性を決めている要因が 100 種もあったら，すなわち 100 次元であったら，そして項目同士に相互関係があったら，この 100 個の未知項目を見いだすことは極めて難しいものになる．

一般論として，多くの問題で内部構造は複雑で，観察されたデータの背後に隠された内部構造を見いだすことは原理的にも実行上も容易ではない．存在は理解されていても，これを見いだせないために解決できないままに放置された問題は数知れない．

03　複数解問題—思考の原型

多重解の場合—思考

　これまでの規格型の問題解決では解は遷移知によって一義的に決まるものとしてきた．しかし現実の問題解決はそれほど単純ではない．遷移知は当面する問題解決とは関わりなく生成・記憶されたものが大半であり，問題表現に関わりのある遷移知が複数あって，解が複数できる場合もある．例えば遷移知構造（**図4.3**参照）内に［もし‐なら］$\{B_1 ; A\}$，［もし‐なら］$\{B_2 ; A\}$があり，「A」という問題が与えられた場合，後進推論により，「B_1」と「B_2」の二つの新問題が生成される．これは OR 結合された複数解の例である．

　問題解決に際してはこれらから最良解を選ぶ．原理的には問題の解をすべて生成し，信頼度などでその中の最適な組を選ぶ．解が自動的に決まらず，良いとされる解を選ぶ行為が入るので，この全体は単純な問題解決を

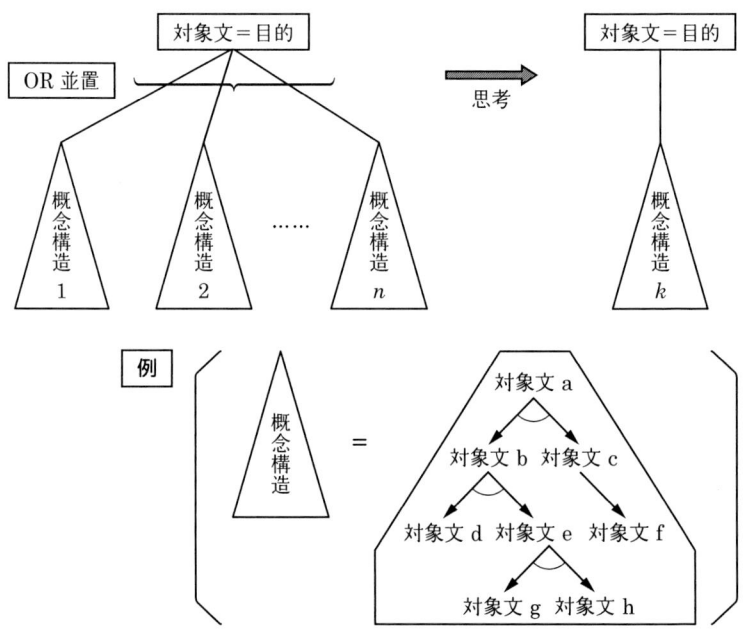

図5.2　思考過程

110

超えた，思考と呼ばれる行為に近づいている．

　ちなみに，思考は目標とする事象の解明に最も適切な解を見いだす行為とする．ある目的を持ち，それを達成したいと思うとき，人は関連する知識を見つけて目的に当てはめてみる．関与度の高い遷移知が一つだけであるなら，図 4.4 の概念構造がつくられ，単純な問題解決型になる．関連する遷移知が複数ある場合，概念構造は形式的には図 5.2 のように図 4.4 型の概念構造が複数個 OR 結合された構造がつくられる．そこでこれらの概念構造を評価し，目的達成への寄与の程度を比較して最も大きなものを採用する．適切な解が見いだせない場合（解の可能性がいずれも低い場合），新たに知能情報（要素知，遷移知）を外部世界に求めて解の可能性を高める行為も含まれる．

発見への道

　このようにして知能化メカニズムは遷移知を用いて思考過程の基本の形を表現する．ただしこれは最も単純な思考の形式である．思考はこのような基本形に留まらず，発想を転換することにより，発見のようなさらに高度の知的活動に発展する可能性もある（5.2.3 項参照）．

5.1 04 大規模問題

問題の大型化

　現代社会は複雑化し，発生する問題も大型化している．すべての人間が個人の能力を超えた，目に見えない大規模問題の枠に取り込まれ，その中に埋没して生きているといえる．この傾向は将来は一層強まるであろう．

　ここで言う大規模問題の意味は，表 5.1 のように同質のデータが多数ある場合と異なり，性質の異なる多種の事象が複雑に絡み合って形成される問題を意味する．その場合は複雑問題と呼ぶほうが適切である．

問題範囲の局所化

　人間であれ人工システムであれ，自立した総合システムはどのような状

況に置かれようと，その環境に適応しなければならない．大規模問題にあっ
ては，人間は全関連情報から自らが関わり，処理しなければならない部分
を抽出し，局所問題としてその場をしのいできた．抽出した局所問題の範
囲が適正であれば，そして真の解とこの局所化した問題の解のずれが十分
に小さな範囲であれば，この方法は有効に機能する．

　大災害が起きた場合を想像しよう．大災害が起きたメカニズムは大規模
な自然現象に生じるひずみにある，としたらその全体を含む大規模な現象
を対象に含めなければならない．しかし当面の事故対策を策定するために
は，災害によって生じた局所的な現象に限定して対策を取らざるを得ない．
この方式は，精度は落ちるが唯一現実的な，かつ普遍的なものである（5.2.4
項参照）．

5.2 高度化問題へのアプローチ

　これら高度化した問題を解決する方式を見いださなければならない．実
際には，これら高度化問題の解を見いだす定式化された方法の解明は簡単
ではない．現実には人間はこれらの問題を解決している場合も多い．しか
し，それが定式化されないことは，人間にできても人工化できない知能行
為があることを意味する．逆に定式化されたとすると，それは新しく人工
化の一歩が踏み出せることを意味する．以下，5.1 節にあげた高度問題へ
のアプローチの現状を記す．

5.2 01 隠れた対象問題へのアプローチ

集合構造の概念の導入

　5.1.1 項に見たように，隠れた対象の問題には集合の概念の積極的利用
が関わることが見て取れる．すでに述べたように，通常の論理的表現では
「すべての「物」の世界」を想定して，集合－要素の関係を対象文すなわ

ち述語の形式で表すことにしていた.

　しかしそれでは少し複雑な事象の表現が長くなって見づらくなる. それだけではない. 集合には集合独特の構造概念がある. それがときには重要な働きをする. そこで集合の概念を意味言語による問題表現に積極的に持ち込む. その記法を簡単にするため, 以下では $S \ni x$ を x/S で表し, $(\forall x/S)$ で ($S \ni x$ なるすべての x について) を表すことにする. 同様に ($\exists x/S$) で「$S \ni x$ なる x が存在する」を表す. 集合固有の構造を論理的表現の前置項としてまとめて表すことにすれば, 集合の処理がまとめられ, 実行しやすくなる. これらの表記法を用いて,【例 5.2】の問題を表現する.

集合を値とする変数の表現―べき集合の利用

　隠れた対象問題に対しては 4.2.2 項で述べたべき集合を導入する. この構造を利用し,「集合を値とする変数」の概念を表す. べき集合は集合 S の部分集合の集合である. これを S^* と表す. 例えば集合 $S = (1, 2, 3, 4)$ のべき集合は, $S^* = \{\phi, \{1\}, \{2\}, \{3\}, \{4\}, \{1, 2\}, \{1, 3\}, \{1, 4\}, \{2, 3\}, \{2, 4\}, \{3, 4\}, \{1, 2, 3\}, \{1, 2, 4\}, \{1, 3, 4\}, \{2, 3, 4\}, \{1, 2, 3, 4\}\}$ であった.

　上記の【例 5.2】で, 従業員四人の会社 $S = (1, 2, 3, 4)$ を想定しよう. #2, #4 の二人に子供がいるとする. この二人の給与がそれぞれ 40 万円, 52 万円とする. すると「子供のいる従業員の平均給与は？」に対する答えは 46 万円になるはずである.

　集合 S は与えられており, 各社員の子供の有無, 給与データはデータベースとして別記されているとして, 難しいのは正しい問題表現をつくることである. 正しい問題表現とは, 意味の正しさはいうまでもなく, 遷移知を用いてその問題表現を正しく処理できるものにすることである.

　この問題の処理では第一に, 集合 S の中に条件に合う部分集合を見いだす. その条件は, 部分集合でその全員に子供がいる最大のもの (この例では {2, 4}) を取り出すことである. この部分集合内の全員 (2, 4) について給与データからその平均値を計算する. この部分は【例 5.1】の説明で A と略記した部分, すなわち指定された集合内の社員の平均給与を求める具体的方法 (集合内の要素の値の総和を取り, 要素数で割る) を表す

部分の表現と同様である．

　この問題では社員という集合の中で，対象としたい部分集合（子供のいる人）が前もって与えられていないので，まず「与えられた条件（子供がいる）を満たす要素の集まり」としてこの部分集合を見いだす必要がある．この部分集合は要素に関する処理を行った結果として決まる．これは集合自体が未知変量として扱われることを意味する．この過程を，処理の逐次的な手順（すなわちプログラム）によって表すのではなく，その手順を自動生成する問題の表現方法はあるかがここでの主要問題である．

　部分集合を変数として表すために上記のべき集合を用いる．べき集合は部分集合の集合であるから，部分集合を表す変数を x とすると，x は上記の S のべき集合の，ϕ 集合から $\{1, 2, 3, 4\}$ までの間のどれかを表す．その条件は部分集合 x の中のすべての要素が条件（子供がいる）を満たすものである．これは

　　　（∃x/S^{*}）（∀y/x）（y, 子供がいる）

と表せる．x は S^{*} の要素としてそれ自体が集合（S の部分集合）であるから，その要素 y に関して記述する（∀y/x）の表現が可能になる．

　これを実現するためには意味言語には述語論理の基本構文に加え，べき集合 S^{*} の生成・処理を基本要素に含めた言語への拡張が必要であるが，それにより問題表現として必要な情報が表され，隠された対象の表現に対応している．

例示問題の問題表現

　折角なので，少し長くなるが【例 5.2】の問題表現を示しておこう．これは（記述を簡略にするため一部省略して）以下のように表される．

　　　（∃x/S^{*}）（∀y/x）（∃$v/$ 実数）（∃$w/$ 実数）

　　　[（y, 子供がいる），（y, 給与, v），（v, 集合生成, R），（R, 平均値, w）]

　このように複数の変数を含む表現では前置項を左から右へという順序で処理すると決められている．前置項が（∃x/S^{*}）の場合，S の部分集合を一つつくって右方の処理を行い，終わったら次の部分集合をつくる動作に移る．上記の表現は，このような手順を自動的につくり出す一般的形式で

ある．意味言語にこれを付加することによって，小さいながら問題解決の進展の一歩を踏み出している．

　上記の問題表現は「S の中で子供を持つ人すべての部分集合 x の中の人について，給与 v を求めて集合 R に登録し，その平均値 w を求めよ」と読まれる．

　ここに含まれる対象文は

　　　　$(y,$ 子供がいる$)$；y には子供がいる

　　　　$(y,$ 給与$, v)$；y の給与は v である

　　　　$(v,$ 集合生成$, R)$；v の集合 R をつくる

　　　　$(R,$ 平均値$, w)$；集合 R（内の要素）の平均値は w である

を表す．

　前置項については変数とそれが定義される集合の対として

　　　　$(\exists x/S^*)$；集合 S のべき集合 S^* の中に，

　　　　　　　ある要素（＝S の部分集合）x がある

　　　　$(\forall y/x)$；集合 x の中のすべての要素 y について

　　　　$(\exists v/$ 実数$)$；ある実数 v がある

　　　　$(\exists w/$ 実数$)$；ある実数 w がある

である．この前置部分は集合－要素関係を示し，未定の集合の場合はそれを生成することを要求する．この対象文（述語）の意味は以下のとおりである．

　前置項 $(\exists x/S^*)$$(\forall y/x)$ は，「既知の集合 S から問題の解の探索を始める対象」を定義する．探索対象は集合 S の部分集合であるが，探索開始時にどの部分集合かは与えられていない．したがってあらゆる部分集合の可能性を調べる必要がある．べき集合 S^* はあらゆる部分集合を生成するので，$(\exists x/S^*)$ はそのどれかを表す．そしてあらゆる部分集合を $(\forall y/x)$ によって一つずつその要素を調べて該当する対象であるかどうか判定する．x は部分集合の一つで，この前置項は x 内の要素 y について，$(y,$ 子供がいる$)$ を条件としてつくられる．これは「y には子供がいる」を表す．

　次いで，条件を満たす y の給与 v を調べる $(y,$ 給与$, v)$．前置項は $(\exists v/$ 実数$)$ である．最後に，条件に合うすべての要素 y について給与 v の平均

値を得るために，求まった v の集合 R をつくり，$(R,$ 平均値$, w)$ で平均値 w を求める．w の前置項は（$\exists w/$ 実数）である．前置項は集合－要素関係を表すが，同時に変数の性質を表す．例えば（$\exists u/$ 整数）の表現の「整数」は変数の型が整数であることを示す．この最後の部分が前例で A で表された対象文である．

　この例は説明用の表現で正確ではない．部分集合 x を定める際，すべての要素について内部の条件（子供がいる）を求めたが，この条件を満たす部分集合は複数ある．その中で集合として最大のものを選ばなければならない．会社 S の例で，該当する部分集合は $\{2, 4\}$ のほかに $\{2\}$，$\{4\}$ がある．$\{2\}$，$\{4\}$ を除去するための手順を含めなければならない．表現が長くなり，見にくくなるのを避けるため，ここでは含めていないが，本来は含めるべきものであり，その方法は上記の「給与 v の平均値を得るために，求まった v の集合 R をつくった」と同様に，途中経過として，条件を満たす部分集合からなる集合をつくり，最大のものを選ぶ，という項が挿入されることになる．

　以上は解を求める対象が直接示されず，代わりにそれを定める条件が与えられ，それから解を求めるべき対象を見いだしたうえでその解を求めるという問題の一例である．対象を定める条件はデータとして与えられているから，この対象を見いだす部分はデータに基づいて物の形あるいは性質を見いだす認識問題の一種と言ってもよい．

問題表現の 3 部分構成

　以上の方式を一般化しておこう．この方式は大きく三つの部分からなる．第一の部分は対象が明示されていない場合に，条件表示から探索するデータ範囲を求める部分である．上記例では（$\exists x/S^{*}$）に関連する表現がこれに相当する．これは静的に表された問題を繰返し探索─探索対象の生成と検証─という動的な処理に変換する機構である．大量データを持つ問題解決ではこの形式をとることが多い．この部分はデータ集合の中から問題解決に関わる有用なデータ集合を選び出すことによって解の質を良くする過程ということもできる．例えばこの例では省略したが，データを信頼度

によってふるい分けする過程とすることもできる.

　第二はこの枠組みの中で，実際の探索対象に関する条件の部分で，$(\forall y/x)(y, \text{子供がいる})$ がこれに相当する.

　第三は解とすべき未知対象の指定で，$(\exists v/\text{実数})(\exists w/\text{実数})(y, \text{給与}, v)，(v, \text{集合生成}, R)，(R, \text{平均値}, w)$ がこれに当たる. 問題解決では問題の表記に探索対象と，解の条件を明らかにすることが必要であり，第二，第三の部分は問題表現の基本の形を表している.

問題表現の一般化

　これを一般化し，

$$(\exists x/S^*)(\forall y/x)[\text{対象 } y \text{ の探索条件}][\text{解の生成条件}]$$

なる形式を準備しておき，知能化メカニズムが問題の表記から [ ] 内を作成するようにしておくことにより，隠れた対象の問題が解決し，問題解決が規格型の問題同様自律的に行われる.「まえがき」で述べた形式化状態に変わったわけである.

　この方式は意味言語の仕様を変える（増補する）ことにより，一群の「隠れた対象の問題」の形式化を達成する. 規格型の問題解決が根拠とする意味言語は述語論理と同じであり，べき集合のような概念は含まれていなかった. この例は知能活動がわずかだが進化し，形式化される問題解決の範囲が拡大される一つの形である. 隠れた対象以外のケースでも，そのような行動知が見いだされれば形式化が可能になる. 形式化ができるとは自律的な問題解決ができることであり，人工化が可能になることである.

02　見えない対象問題へのアプローチ

見えていない対象の可視化―認識問題

　「見えない対象」を可視化する努力が近代になって行われるようになった. 見いだされた対象構造は言語的に（数学を含めて）表すことが，以後の操作にとって望ましい.問題解決過程は言語で表されているからである. そのために，見えない対象問題に対しては，まず複数のデータ項目間の関

係から対象を可視化しなければならない．見えていない対象の構造あるい
は特徴を表すことは本来簡単にはいかないことであるが，ましてや，その
次元（項目数）が大きくなり，項目間にあるかもしれない相互関係を想定
して，データがこれに適合するかどうかを検証しなければならないとなる
と，それらの組合せで無限に近い数学的表現を試さざるを得ない．これは
極めて難しい問題である．これは「見えない対象」問題として共通の難し
さである．この問題に関してこれまでなされてきた方法を見てみよう．

[1] 仮説検証法

　対象の見えない問題に対して，これまで人が行ってきたほぼ唯一ともい
える方法は，項目間の関連を予想して対象の構造・特徴に関する「仮説」
を立てて，言語的（数学を含め）に表し，データによってそれを検証する
というものであった（**図 5.3**）．対象について得てきた経験や知識に基づ
いて一群の優れた人達によってなされてきたこの方法によって，多くの法
則や定理が見いだされてきた．

　たとえどのような方法によっても，その検証のために集められたデータ
からその正しさが検証されれば仮説は正しいものとされる．しかし決まっ
た手順や手掛かりがないため，仮説生成は極めて困難なことであった．定
まった手順がないため，素人目には仮説生成は特殊な人達の極めて特殊な
能力によるように見える．

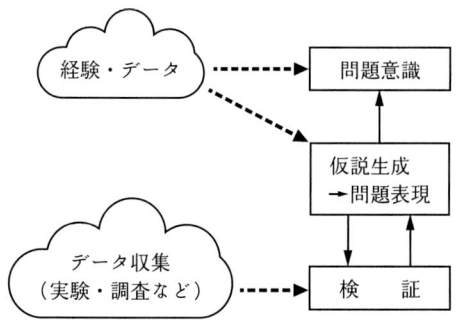

図 5.3　仮説検証法（帰納推論）

118

仮説生成の難しさ

　この困難は，第一に，つくられる仮説は，一般にはそれを生成する素になったエビデンス（データ）が全体として表しているものより大きな概念を表すものであること，第二に，そのために検証データの正しい選択をはじめ，検証の方法に細心の注意が要求されること，第三にデータから出発して仮説に至る過程で，初期の単純なデータ形式から言語（数学を含む）という全く異質の表現を生成しなければならないこと，などによる．しかし仮説生成は確かに存在する知的活動である．その系統的方式が明らかでないため，ときに神秘性を帯びた捉えられ方をしている．

演繹推論と帰納推論

　存在する要素知，遷移知に従って状態を変化する過程は通常推論と呼ばれるが，推論にもいくつかの形式がある．ある状態から出発してすべて既存の遷移知に従って目的とする状態に達する過程は演繹推論と呼ばれる．これに対して解に達する遷移知がない状態で目的とする状態を導く推論を帰納推論という．どちらも論理学の中で定義された用語である．この定義に従えば，基本的な問題解決は前者であり，仮説生成は後者になる．規格型問題解決は演繹推論であり，該当する遷移知を検索し，条件項から結論項を取り出すという形式的手順で行われるので比較的容易である．これに対し仮説生成には決まった手順がない．したがって困難である．

　演繹的推論は既知の遷移知の範囲内で結論を求めるので解析型とされ，帰納推論は新しい概念をつくり出すので創造型の知能活動である．

直観に基づく方法

　形式化の一般的手法のない仮説生成はときとして直観と呼ばれる方法でなされると考えられている．このときの知能活動の内容を代表するものとして，他に適切な表現がないためである．しかしその背景は，直観という言葉の語感から得られる通常の意味，例えば閃きとは異なる．閃きという表現で表される要素も確かにあるが，実際に行われるのは未知の対象構造に

向けての模索である．そのときの知能活動は多岐にわたる．それにはときに大量のデータが必要であるが，結果的には，得られる仮説の表す概念に比べればずっと小規模なエビデンスで目的を達成する．それは深遠な知能活動である．

　重要なことは，現代の知能理解では，この直観と表された行為は，存在はするが体系化も形式化もされないものであり，機械化されない行為を代表するものであることである．これは人類の知能進化の形式化がいまだ十分に進んでいないことを示すのか，あるいは知能活動の本来の限界を示すものか，現状では不明である．もしこれが人間知能の未進化によるものであったとすると，次の進化段階があることになる．かつて知能進化(**図 1.5**)の第 2 段階から第 3 段階に進んだとき，人類は似たような状況に直面し，それを克服してきたのではあるまいか．そのときは言語規定の拡大によって大きく前進したが，さらなる前進が可能であるか否かは全く未明である．

知能の上限

　これまで人工化されてきた知能はすべて人間の知能化メカニズム内に原型がつくられ，それを形式化し，機械化したものであった．このため知能化メカニズム自体の能力の上限は目に見える形では現れてこなかった．しかし仮説生成・検証では形式化は困難であり，対象構造の存在が予感されながらそれを得る手段が見いだせないでいる．ここに至って初めて人間の知能化メカニズムは形式化の限界を露呈したといえる．それがこれまでの人間の知能の歴史であり，現代の人間社会はこのような知能の上限があることを前提にして形成されてきたといえる．

　もし，将来，知能進化が進み，この仮説生成という知能活動が形式化されるとしたら，その人工化が可能になるであろう．一方，そのような形式化に至る進化が困難であるなら，仮説生成は人工化の困難な最高レベルの知能として，人工知能に対する人間知能の優位性を示すものとなろう．

[2] データからの知識発見

KDD ─知能情報の発見

1980年代に盛んになった第2期人工知能研究の末頃，データから知識を見いだす知識発見の研究が行われた．データマイニングあるいはデータからの知識発見（KDD：Knowledge Discovery in Data）と呼ばれる．このルーツは統計学にある．統計学はバラツキのあるデータを合理的かつ科学的に処理することを目的として誕生した．初期にはこのようなデータを記述する記述統計学として出発したが，しだいにデータから，そのデータを発生する本体の姿を見いだそうとする推計学へと発展した．KDDはこれをベースに，観測データ間に局所的に見いだされる構造的関係を抽出する手法を加えて遷移知すなわち「知識」として表すものであった．その概要を**図 5.4** に示す．例えばデータベース内の二つの項目間にデータ出現の多重性が見られればこれらデータ間に特定の相関関係が読み取れる．

観測データがデータベースに蓄えられ，知識発見機能（**KDD**）を通して見いだされた対象の構造情報が知識（遷移知）の集積として知識ベース（本書では要素知構造）に蓄えられ，問題解決に使われる．

これまで「対象構造を表す」のような言い方をしてきたが，KDDではこれをデータから見いだされた遷移知の集まり（知識ベース）で表している．すなわち対象の構造を明示するのでなく，直接，問題解決の解形成に

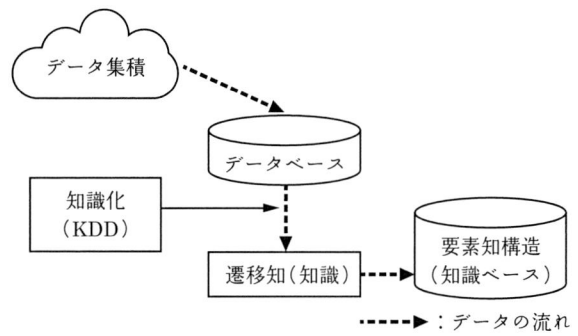

図 5.4　KDD による対象認識と問題解決

役立つ遷移知として表す．しかしこの方式はまだ大きな成果を上げられていないように見える．データから見いだされる局所的な構造や特徴を見つけて遷移知で表すというこの方法ではデータの背後に隠れた情報を見いだしにくく，対象の全体構造を表すことが難しい[月18]．

[3] ディープラーニング
データからの特徴抽出

そこに現れたのがディープラーニング（深層学習）という新しい方式である（**図5.5**）．ディープラーニングでは目的とする対象構造を言語（数学を含む）的に表すのではなく，第1章で述べたニューラルネットワーク（**図1.8**参照）を用いて対象構造を表現する手段とし，入力データからの学習によって対象の構造を見いだす方式である．これは認識の一種である．目的は，見えていない対象の構造・特性を観測データから学習によって見いだすことである．もし対象が何の構造も持たなければ観測データも相互に何の関連も持たず，現れ方は全くランダムな等確率なものとなり，そこから何の情報も抽出できないであろう．対象が構造を持つ場合，例えば対象を構成する要素間に強い相関関係があるような場合，観測データにその影響が出てデータに疎密が生じる．肺がんに喫煙が深く関わっているという相互関係があれば，肺がん患者のデータに喫煙項が多く現れるであ

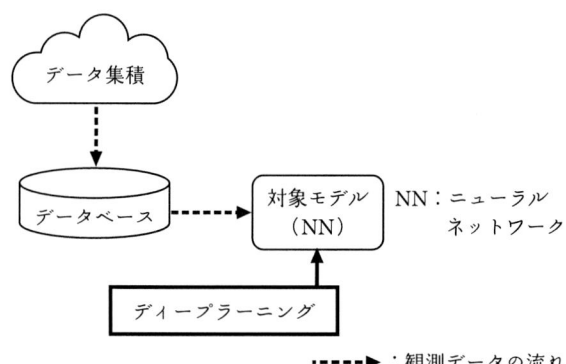

図5.5　ディープラーニングによる構造発見

ろう．このように観測データは各項の出現頻度や，複数項の関連度など，対象のもつ構造要素を反映している．このデータを多数集め，学習機構を使って処理して，構造の特徴が表れてくるような方法が見いだされれば対象認識が可能になる．

認識へのニューラルネットワークの利用—教師なし学習

ここまでは仮説検証，KDD の前二者の立場と変わらない．ディープラーニングの特徴は対象を知るという過程を言語のレベルでなく，ニューラルネットワークという単一の枠組み内の数値分布で実現しようとするものである．

ディープラーニングのディープ（深層）という修飾語は用いるニューラルネットワークが少なくとも 3 層以上のものであることとしていることからきている．これには後述するように大きな意味がある．

入力データのみから学習によって対象の構造を見いだそうとする試みは，通常，教師なし学習と呼ばれる．2.2 節で述べた教師あり学習が結果の成否によって構造を変えるのとは異なり，教師なし学習では成果に基づいて構造を変更する方式を用いることができない．教師あり学習が行動機能を向上するのに比べ，入力のみで行われる教師なし学習は，うまく収斂（しゅうれん）すれば，機能的には認識機能を果たす．「生命機構」に即していえば，出力側機能の改善（教師あり学習）に対する入力側機能の改善（教師なし学習）といえる．認識機能は以後の知的活動のすべてに関わるだけに自動化の影響も大きい．ニューラルネットワークを用いて認識を行う試みは画像認識の分野でかなり古くから研究が進められてきたが，それが新しい分野で花開いたといえる．

ディープラーニングでは，学習に際して観測データが逐次的に用いられ，新しいデータに応じてニューラルネットワークの構造が微小量変化する．この変化の仕方をうまく定めておき，データに基づいてこの繰返しを高速に行えば，大量観測データを用いて対象構造に逐次的に近づいていくことができる．このメカニズムは 2.2 節の教師あり学習と同様である．では，ディープラーニングの本質は何か．

ディープラーニングを，見えない対象の構造を明らかにする機構とした．これは対象を可視化することであるが，認識の基本は対象に固有の特徴（数量的な特徴の場合は特徴量と呼ぶ）に基づく分類である．例えば，ある鳥を見てそれがフクロウかミミズクかを認識するとしよう．この鳥は，耳がついていればミミズク，なければフクロウである．この「耳がついている」ことがこの分類における重要な特徴である．

この例では認識すなわち分類対象は 2 種類で，特徴が一つで済むが，多種類の要素から成る対象を認識するには多種の特徴が必要になる．認識が可能な限り，必要な特徴の種類は少ないほうが良い．特徴が多いとそれだけ認識の手間が掛かるからである．認識においては特徴をどのように決めるかが成功の鍵になる．

特徴の自動生成

これまでの認識法では特徴はすべて人間がつくってきた．人工的な認識装置はこの特徴を受け取り，それに基づいて実際の認識（分類）を行うという役割分担が行われてきた．認識のためにどのような特徴量が最適であるかの決定がここでの知能の働きであり，これは人間以外にはできないこととされてきた．この状況に留まる限り，機械的な認識装置は人間の知能行為のもとで働く分類器に過ぎなかった．

ディープラーニングではコンピュータが学習によってこの特徴量を自らつくりだす．これが従来の認識技術と全く異なる点である．学習によって行うとは，ニューラルネットワークに対象の観測データを逐次入力し，それによってニューラルネットワークの経路パラメータを変化するメカニズムであるが，この変化の仕方をうまく定めておき，大量の観測データに対してこれを順次高速に行った結果，うまく目的とするものに収斂すれば，対象構造に逐次的に近づいていくことができる．すなわち外部から特徴を与えられることなく認識ができ，**図 5.1**（b）の構造が実現する．今日，パラメータ変化のさまざまな方法が試みられ，一部成功している[人 15]．

学習―ディープラーニングの基本原理

学習の目指すものは何か？　現在，さまざまな学習方式が研究途上にあり，確定した技術となっているわけではないので，ここでは基本的な考え方のみを示す．

3 層からなるニューラルネットワークを考えよう．第 1 層は入力層，第 3 層は出力層で，第 2 層の中間層は入力層のデータごとに学習的に修正される．入力層は対象から得られたデータの受口である．例えば対象が n 個の要素からなり，各要素の実現値がデータとなって現れたとき，n 個の実現値の並びである．

学習による中間層のつくり方が重要である．それは中間層が入力層より小さく，かつ出力層がそれから生成されるように構造化されるが，学習はその出力層が入力層と同じになるように経路の重みを修正していく．もし何らかの学習的方法で，この条件を満たす中間層がつくられたなら，その中間層は入力を分類する特徴量とみなすことができる．なぜなら特徴量とは，入力より少ない項目によって入力と等価な出力を生成するものであり，上記のようにつくられた中間層がまさにその働きをするからである．これはニューラルネットワークを用いて対象認識を行う方式の研究者の間では**自己符号化器**と呼ばれる原理機構である．この際，当然のことながら，目的とする中間層のノード数をできる限り小さなものにすることが重要である．これを実現するためにさまざまな学習方法が研究されているが，同時に中間層のノード数をできる限り小さなものにするために観測データの各要素の出現値間に相関の少ないもの同士を選んで，それを中心に学習をするなどの方法が取られる．全入力データに対してこの条件を満たす中間層に至るには大きな計算量が必要である．

この考え方に従ってつくられるディープラーニングが，原理的に少なくとも 3 層からなるニューラルネットワーク構造になることが明らかであるが，実用的にはこれだけでは不十分で，最終中間層のノード数を減らすために，中間層の層数をさらに増やしたり，データに含まれる誤差の影響を少なくするために，敢えて入力に誤差を加えて学習させるなど，実用化

のためのさまざまな方法が試みられている．

　手法としてはデータによるニューラルネットワーク構造の学習方式をどのように定めるか，が成否を分けるが，普遍的な方式が見いだされてはいない．現状では，対象に応じて適切な方式を探すことが必要である．さまざまな方式があり，研究が多岐にわたって行われている．そのこと自体がこの手法の未成熟を表している．あるいはさらなる発展の余地を残していると言うこともできる．

ディープラーニングの成功例

　5.2.2 [1] 項の仮説検証のように対象構造を言語的に表現する方式では，入力であるデータの表現形式と出力である対象の表現形式が異質（データ対言語）で，入力（データ）から出力（対象構造の表現）への変換過程間に表現形式の飛躍的変化を起こす困難があるのに比べ，ディープラーニングは本来そのような要求は課せられていないので，その困難はない．しかし，当然のことながら，そのままでは学習結果は後続の問題解決につながらない．

　ディープラーニングによる対象認識の成功した例がいくつか示され，それがセンセーションを巻き起こした．それぞれの適用分野において，これまで人間の手ではできなかった対象認識に基づく問題解決が示されたからである．その好例が囲碁・将棋の分野で人間のプロを負かした事例である．これは，それらの分野で自然に成長を遂げてきた人間の知能化メカニズムの限界を超えたことを意味する．囲碁・将棋の場合，ゲームという問題の特殊性から，ディープラーニングの特性以外の，問題分野に固有の方式が組み合わされている（詳細は略す）[上 19, 斎 16]．しかしこれらは特殊な例であり，今日最も注目されているのは実社会でさまざまな形式で生じる大量データ，いわゆるビッグデータから，それを発する対象の特徴を知ることにある．

ディープラーニングが成功とされる理由

　これらの事例に基づき，「それを実現したのは人工知能である」，という

ような言い方がされ，近い将来，人工知能が人間の「知的機能」を全面的に超えるのではないか，という議論に発展している．多くの人の関心の的であるこの問題を曖昧なものにしないためには，ディープラーニングが成功した理由と限界を明らかにしなくてはならない．

　ディープラーニング成功の第一の理由はニューラルネットワークによる高速学習にある．学習における一つ一つの逐次処理は極めて単純であり，その行為の積重ねでボトムアップに対象構造に近づく方式は情報処理の高速性を有効に利用できる．ディープラーニング成功の第二の理由は上述の自己符号化器の原理の実現である．この原理が学習の特徴を認識という機能にうまく結び付けた．ディープラーニング成功の第三の理由は，問題の表現方式が従来のものと変わったためである．ディープラーニングでは逐次的構造修正である学習方式で問題が表現され，処理がボトムアップに行われる．これに対し従来行われてきた仮説検証方式がしばしば行き詰まるのは，言語による仮説表現をトップダウンに行う難しさであった．これには先を見通す優れた目や直観と呼ばれる機能など，情報の処理速度で補うことができない能力が要求される．

　認識の結果を，後続の問題解決に結び付けるには，認識系の表現を問題解決法の表現に一致させなくてはならない．問題解決系は記号化された言語で行われているので，認識系の結果を記号言語で表さなければならない．ニューラルネットワークにより数値的に表現された認識結果を記号化することは決して容易とはいえない．上記の第一の利点は，同時に次なる困難の理由にもなっている．

人にはディープラーニングができない理由

　人間も，知能化メカニズムを実現している「物」の構造はディープラーニングと同種のニューラルネットワークである（**図1.8** 参照）．なぜ人間の知能化メカニズムではディープラーニングができなかったのか．

　結論的には知能の実現物質であるニューロン間の情報伝達速度の差に行き着く．情報伝達物質（ドーパミン）の移動を介してニューロン間の情報伝達を行う人間の知能化メカニズムでは，当然のことながら物質移動の速

度制約があり，高速性を発揮することができない．この意味でディープラーニングが人間を超えた理由はハードウェアの処理速度差にあるといえる．

ディープラーニング方式は未だ確定した方式になっていない．自己符号化器を生成する学習方式，認識の結果を言語型の問題解決機能に結び付ける方式など，まだ未解明の多くの困難があり，今後これがどこまで効果を上げるかは定かではない．狭い意味でのディープラーニング方式が問題解決のための汎用的方法でないことは明らかである．

狭い意味とは，機能をニューラルネットワーク上での学習に限定した場合である．汎用的な方法とは取り扱う範囲のすべての課題に一つの方式で対処できるものをいう．前述したように，問題解決の多くは問題表現が言語的になされ，結果も言語的に表示される．狭い意味でのディープラーニング方式が汎用的でないという理由は，学習という特殊な方法で行う認識機能を，言語表現のような問題解決に必要な機能と結び付けて効果を上げることが困難なためである．

ディープラーニング方式の適用範囲

また当然のことながら，ディープラーニング方式そのものにも限界がある．自然界および人間社会には極めて複雑な構造を持つ大型の対象がいくらもあり，このような思考対象の大型化・複雑化は限りなく進む．対象の複雑度は，明確に定義されているわけではなく曖昧ではあるが，例えば構造表現の次元が一つ増えるだけでも，複雑度は指数的に増す．ディープラーニング方式が効果を上げるのは複雑度のある幅—狭すぎもせず広すぎもしない—の中の対象についてであるといえる．

ディープラーニングは人知を超えられるか

ディープラーニングの能力が頭打ちであるとするなら，新機能として実現されたディープラーニングの現実の問題解決への影響はどのようものであろうか？　ディープラーニング自体の能力に限界があっても，そこには今日まで進化してきた人間の知能化メカニズムを超えた部分があることは事実である．今後，これまで述べてきた知能の発達の過程で生じたさまざ

まな機能を備えた人工システムが試みられるようになるであろう．その人工システムは大量データの処理や認識機能の面で平均的人間の知能化メカニズムを超えたディープラーニング機能も当然備えているから，生成された統合的人工システムは部分的には人知を超える可能性がある．それでは総合的に人知を超える可能性はあるだろうか？

　視点を変えて自然界を見ると，自然界には現代人より優れた能力を持つ動物の例は枚挙にいとまがない．例えば犬の嗅覚は人間の 4 000 倍との説がある．この根拠は正当なものか否か定かでないが，犬の嗅覚が人間のものより相当程度優れていることは間違いない．しかしそのために犬の総合的知能レベルが人より高いとはいえない．単一機能が優れていても総合的な知能レベルが高まるとは限らないからである．

　ディープラーニングについても，他の機能との統合によってその総合的認知能力が人知を超えるものかどうか，を見極める必要がある．もし，問題に応じて最適なディープラーニング用のニューラルネットワークを設定し，学習を行い，結果を後続の問題解決過程に結び付けられる言語形式に変換するまでを自律的に行えれば，自律的な認識 – 問題解決が可能になり，極めて大きな力を発揮するであろう．しかしそれが人知を超えるものであるかどうかは，次節の思考法その他の知的機能とも関連し，人知を超えることの条件を明らかにしなければ結論付けられない．それについては「むすび」で述べる．

03　思考法—発想の転換

目的と解のミスマッチ

　5.1.3 項の思考の基本形では，行為目的はそれに続く思考行為とは関係なく設定されるものとしていた．すなわち目的設定は前提であった．目的設定が適切でないため，得られた概念構造の，目的への関与度が十分高くならないまま終わることもあり得る．これは目的設定と存在する要素知のミスマッチによる．このように問題解決において適切な解が見いだせない場合，目的表現を変えてみるのが状況改善の一つの方法である．その結果，

存在する知能情報と良くマッチする目的表現が見いだされたとき，修正された目的の形で新しい考えが生まれることがある（**図 5.6**）.

　目的修正の方式はあらかじめ定めておくことが難しい．すなわち形式化の困難な機能であり，人工化は難しいが，多くの人が現実のものとしている．すなわち人間知能として一部が知能化メカニズムの能力範囲に入っている．この際，より良い発想に至るにはできるだけ多くの知能情報を持つことが不可欠である.

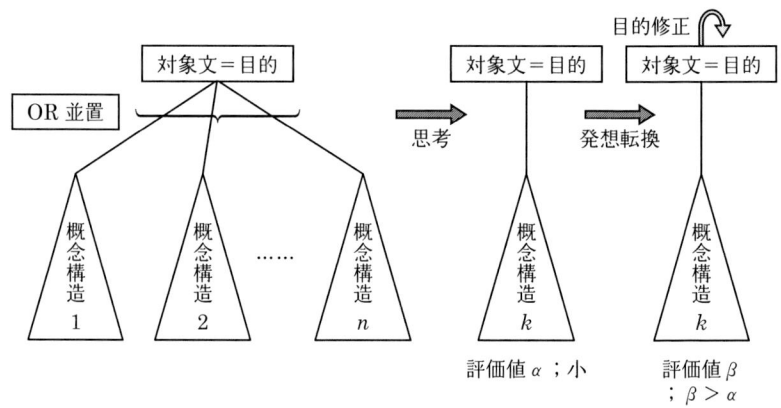

図 5.6　「知能化メカニズム」による発見過程[†]

[†]　アレクサンダー・フレミングは**リゾチーム**と**ペニシリン**という 2 種類の抗菌性物質を発見したが，どちらもその発見は偶然によるものであった．しかしその偶然をむだにせず，**図 5.6** の過程をうまく使って新しい物質発見に結び付けた．ペニシリンの場合について見てみよう．培養実験を行っているとき，フレミングは誤って雑菌であるアオカビを混入させてしまった．通常，このように雑菌で汚染された培地は廃棄されるが，廃棄前に培地を観察したフレミングは，黄色ブドウ球菌が一面に生えた培地に汚染した細菌のコロニーができ，カビの周囲だけが透明であること，すなわち細菌の生育が阻止されていることに気が付いた．フレミングはこの現象にヒントを得て新しい視点のもとで「考え」を進め，その結果アオカビを液体培地に培養し，その培養液をろ過した液にこの抗菌物質が含まれていることを見いだし，これをペニシリンと名付けた．これが後に多くの人々を感染症から救うことになった抗生物質の始まりであった．フレミングはこの功績により 1945 年にノーベル生理学・医学賞を授与されているが，目的を変えることによって新発見に結び付けた例は，他のノーベル賞受賞者の中にも多い.

130

目的が十分に達成できていないとき，さらに新たな知能情報を探すか，または目的をどのように変えるのが良いかの判断は単純に形式化できない．発見が容易に機械化できない原因の一つである．発想転換は大枠では5.2.2 [1] 項で述べた帰納推論の一種である．したがって形式化が難しい．

04 大規模問題解決へのアプローチ

問題の範囲を制限する―問題の局所化

大規模化した問題の解を見いだすためには問題自体を小型化する必要がある．その方式としては，問題を局所化しなければならない．局所化とは問題に強く関わる知能要素の範囲を事前に決めることである．問題解決は知能情報構造から概念構造を抽出する行為であった．大規模問題では通常，多数の，多様な対象が複雑に絡み合っている．ときに多数の人（知能化メカニズム）が関わる．知能情報は特定個人のものに限られず，関連する人全体に広がる．この全体の構造が十分に大きいとき，この大規模知能情報から生成される概念構造は，大規模なものになり，問題解決の管理が困難ものになる[†]．

局所問題化はこの中で問題に関連する領域を切り出す．問題とする主たる対象（1または複数）から始め，探索領域の範囲を広げていき，その外側の対象との関わりが小さな接続を切ることによって対象とする範囲を狭める．例えば，4.2.4 項で概念のみ提示した信頼度を用いるなら，探索の出発点である主たる対象から推論によって到達する距離が大きくなるほど信頼度が下がり，探索限界に至る．切り出される局所問題の精度予測が成否の決め手になる．

これはあくまで原則であって，現実には外部との関わりをどのように評価するかは明確ではなく，それを明文化することは困難である．局所化の

---

† 人工知能の基本問題に**フレーム問題**がある．これは目的を達成するうえで考慮すべき知識の範囲が無限に広がってしまって定まらない，というものであるが，遷移知の範囲が限定されている世界内では生じない．

方式は仮説生成や思考による発見機能と類似の面があり，形式化が困難である．したがって，最終的には人間の知能化メカニズムの働きに待つほかない．それでも人はかなり高い確率で成功している（失敗も多い）．これも人間の知能化メカニズムの隠れた能力というほかない．

5.3 / 統合知能論

知能の統合化

　本書は，冒頭において，これまでの人工知能の議論が場当たり的で統一的な体系が見えない点をあげたことから始まった．書を閉じるにあたって，どこまで知能の体系化に近づけたかを示しておこう．知能の働きは複雑で，さまざまな異種機能が要求される．問題の性質から，これらを単純な統一原理でまとめることは困難である．できることは，知能行為の大きな枠組みをつくり，その中で個々の機能がどのように働いてこの全体の枠組みを維持しているか，を示すことによって全体像を見やすくすることである．知能行為の枠組みを定めるには人間のすべての知的活動を考察対象に含めなければならないが，それには未だなすべきことが多い．

　以下では，本書で議論の対象としてきた問題解決行為を中心に統合化を試みる．ただし，この問題解決の意味するものは，従来の解釈のように狭い範囲のもの，すなわち規格型問題解決ではなく，関連データが不確実である，とか問題を解決すべき直接の対象が見えていない，など表現の面で現実に生じるさまざまな困難を含む自由型問題解決である．この中で知能実現の形式化を最終目標とする．

統合化の対象

　知能行為の枠組みは，原則として自然言語で記述された問題を受け，それを自律的に解決し，求まった解を再び自然言語で表す，という一連の行為を実現するものとする．問題が発生する環境によって，それに要する処理方式すなわち知能の働きが異なる．例えば対象が見えていないとか，思

考のような知能行為が必要とされるなどである．

　知能の働きは自然言語で表された問題が意味言語に翻訳されるところから始まる．

　以下，問題解決の過程で生じること，なすべきことを項目ごとにあげると，次のようになる．

『1』自然言語で表された問題を意味言語に変換する（内化）．

『2』大規模・複雑な問題を局所化する（大規模問題の局所化）．
　　　5.2.4 項参照．

『3』問題ごとの個別条件（例えば隠れた対象問題）あるいは信頼度のような一般的条件によってデータをふるい分けし，問題解決に効果的なデータ集合をつくる（データ選別，処理範囲の同定）．
　　　5.2.1 項参照．

『4』問題解決すべき対象を認識し，意味言語により記号化する（対象認識）．5.2.2 項参照．

『5』規格型問題解決の処理を施す（問題解決）．既存の要素知によって解に到達できないとき，新しい要素知を検索する．4.5 節参照．

『6』複数解がある場合，問題表現の修正を含めて問題と解の最大マッチング対を見いだす（解の精錬）．問題を修正して発見に結び付ける．5.2.3 項参照．

『7』意味言語による解を自然言語に変換する（外化）．

　このうち『1』と『7』は記号言語間の翻訳問題である．意味言語と自然言語間の変換は記号言語間の翻訳問題として言語学の主要課題であるが，問題解決を主要テーマとする知能化の対象ではないので，以下では省く．したがって，この枠組みは『2』～『6』までの過程がどこまで実現されるか，によって高度知能の実現の可能性が定まる．

統合知能の基本パターン

　これらを統合化としてまとめたのが**図 5.7** である．この図は第 1 章で述べた知能構造（**図 1.5** 参照）の第 3 段階から第 4 段階を詳細化したものに相当する．

図 5.7 の左側に知能の働きを示し，右側はそれを実現する機能である．この図は人間知能とか人工知能とかを区別せずに，統合知能の基本パターンを一体として表している．これまでの人工知能は人間知能の範囲内に定義されてきたので，前者は後者に内包されたものであり，存在の独立性は認められなかったが，対象認識という問題解決に関わる部分で一部人工知能が人間知能を超えた現代は人間と人工システムが協力してこの統合知能の基本パターンを実現する時代に入った．

この統合知能の基本パターン内で，人間と人工システムがそれぞれどこ

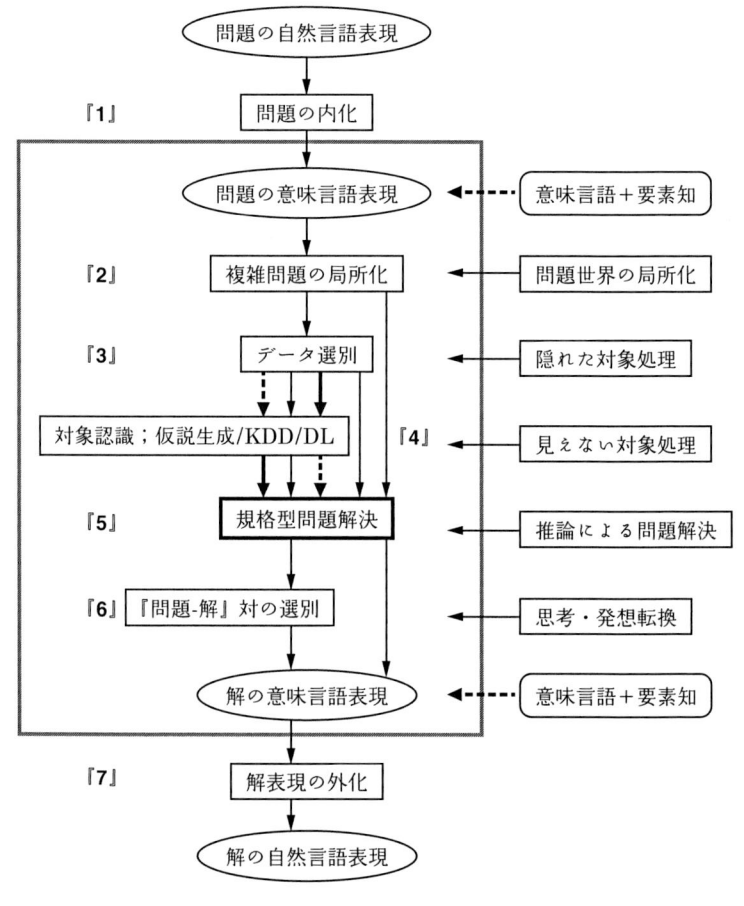

図 5.7　統合知能システム

まで実現し得ているか，またこの両者の協力によって初めて実現される知能行為は何か，両者の協力によっても実現の困難な知能行為は何か，を読み取ることが要求される．

図 **5.7** において，最高度の人間の知能は『**4**』の中の DL（ディープラーニング）以外の機能にはかなりの程度対応している．平均的にヒトは他のすべての機能について，「ほとんどできない」から「ほぼできる」までの間に分布しているというのが実情であろう．一方人工知能は，注意深くお膳立て（形式化）ができていればすべての機能を一部遂行できるが，各機能の本質部分はそのお膳立て部分にあり，現状ではそれは人間知能に依存する，というのが実情である．

統合知能システム内の諸機能のうち『**4**』の中の DL（ディープラーニング）については，人工知能が人間知能を超えている．本書の「まえがき」にあげたシンギュラリティの問題は，統合知能として人工知能が人間知能を超えることであるが，個々の知能についても形式化の見通しが立っていない現状では比較するまでもない，というところであろう．

むすび

[これまでのまとめと今後の展望]

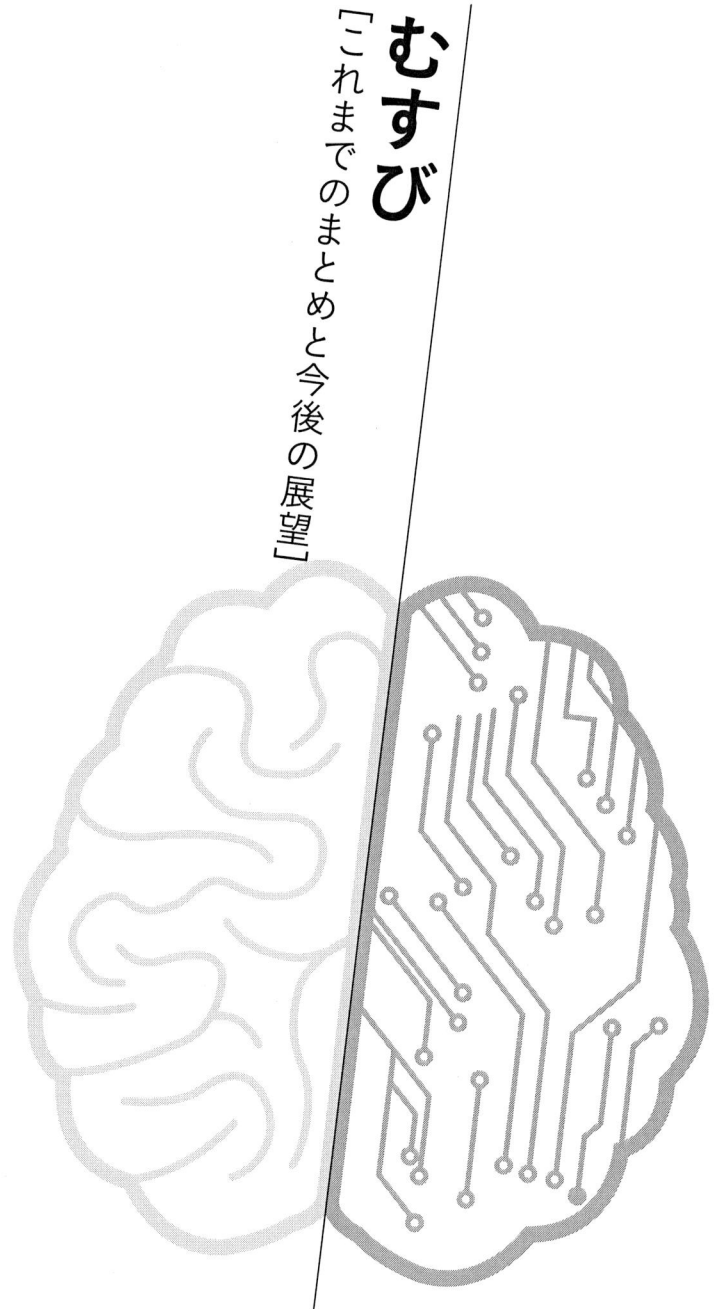

人工知能の世代へ

人工知能を「知能の人工的実現」とした．これまでは人工知能はいずれも人間が確立した知能の一部，特に問題解決能力をコンピュータ化したものであった．初期においては知能の体系的考察が不十分で，人工システム化の範囲は理解しやすい一部の機能の実現に終わっていた．このため大きな可能性を秘めながら，人工知能は情報処理の特殊な方式という程度の認識にとどまり，大きな発展は見られなかった．

今日この関係は大きく変わろうとしている．人工知能はもはや人間知能の小型機械化版ではなく，人間知能に肩を並べる存在になろうとしている．人間社会への影響も無視できない．このような人工知能について正しく認識し，将来への見通しを持つことが不可欠な時代になっている．今後，人工知能は人間知能とより深く関わるようになるであろう．本書では，人間の知能の全体像を広く捉え，かつ形式化を図ることによって人工知能化の可能性を探り，人間知能との比較を試みてきた．これらを総括し，今後の展開を概観しておこう．

┃╱ 本書のまとめ

物と機能（1.1 節）

知能は，本来，動物や人間に備わった機能である．機能とは「物」の構造や「物」同士の関係から生まれ，周辺に何らかの作用を及ぼす能力である．機能をうまくつくり出せれば，その主体は環境にうまく働きかけ，その主体にとって望ましい効果を上げることができる．

しかし通常，機能は目に見えない．目に見えない機能をうまくつくり出すにはどうしたら良いだろうか？　これは知能に限らず一般的な機能の開発に伴う課題である．通常行われる方法は，機能を生み出す「物」の構造に着目し，「物 - 機能」関係を明らかにしたうえで，望ましい機能を生み出すように「物」の構造をつくり上げることである．例えば建造物の耐震強度すなわち地震に対する強さを確保することを考えよう．ここで地震に

対する強さは機能であり，これを保証するために建造物という「物」の構造を設計する．これにはあらかじめ「物」の構造，例えば建造物を構成する鉄筋の組合せ方，と地震に対する強度の関係を知らなければならない．

　現代文化の典型ともいえるアニメーションの場合も，描かれたアニメを見て人は時に笑い，時に涙する．このような効果をもたらしているものはアニメの持つ機能であるが，その機能を生み出しているのは紙その他の媒体に描かれた画像すなわち「物」である．この場合，「物」を「機能」に結び付けているのは作者の感性であり，容易に見えにくいものではあるが「物」と「機能」の関係であるという事実は変わらない．

脳細胞と知能（1.6 節）

　この状況は知能の場合も同様である．知能に関与する「物」があり，知能を得ようとすることは，知能という機能を生み出す「物」の構造を適切につくり上げることである．そこで本書では，知能における「物－機能」関係を明らかにすることを基本の方針とした．

　ただ，建造物の例のように，物の姿が見えていて，物－機能関係がわかりやすいものがあると同時に，アニメのようにこの関係が容易に見え難いものがある．「物－知能」関係は多くの場合，複雑で，理解し難いものが多い．

　生体における知能についてはっきりしているのは脳細胞という「物」から知能が生み出されているという事実である．しかし知能の複雑性のために，脳細胞と知能の関係を直接見いだすことは困難で，現状では，脳のどの部位がどのようなマクロな機能を果たしているかがわかりかけている，といった状況である．

知能化メカニズムと知能構造（1.1 節）

　そこで脳細胞と知能の間に中間的な，「物」に準ずるものとでもいえる存在─知能化メカニズムを置き，「物－知能」関係を物（脳細胞）－準物（知能化メカニズム）機能（知能）─という構造で考察することにした．この構造を明らかにすることにより，知能の全貌が見えてくる．これを「知能構造」と呼ぶことにした．

知能構造の進化（1.2 節）

「知能構造」は進化という時間的変化を経て形成されてきた．生物自体の進化は遺伝子の突然変異により，偶発的になされてきたという面が強いが，現代の人間が高度の知能を持つ理由はそれだけでは説明できない．知能の発展は進化のみでなく，人類が環境に適応し，生存を確保するために，自助的な努力によって意図的に成し遂げられたのではないか．

これは一つの仮説であるが，それを前提として，「知能構造」という形での知能創生の全体像を，進化という横軸と，物（脳細胞）−準物（知能化メカニズム）機能（知能）という縦軸の組合せで表した．

3 段階の知能進化（1.2 節）

さらに知能進化は現代まで三つの段階に分けられることを示した．進化の初期段階である動物の知能構造，これを受けて記号化によるコミュニケーションを発展させた原始人類の知能構造，さらに動的環境を知能構造に取り込んで広大な記述・思考の世界を発展させた現代人類の知能構造，である（**図 1.5** 参照）．知能の進化過程において後代の知能はそれより前の時代の知能世界を可能な限り取り込んで発展してきたから，人工知能を実現するという目的には現代人類の知能化メカニズムを考察対象にすれば，ほぼ達せられる．しかし新しい知能化メカニズムは古い知能化メカニズムの上につくられてきたので，現代の知能化メカニズムも前段までのものに影響されている．この意味で，知能の全体を見通すうえで歴史的経過をたどることは避けられない．

知能を生成する知能化メカニズムは各段階で大きく異なる．これは過去から現代に至るまでの知能進化であるが，人工的な知能生成メカニズムが生まれたことにより，近い将来，一部が第四の段階に発展する可能性が見えてきた．これを受けて，さらに今後の発展を探る．

生物の知能（2.1 節）

知能発祥の原点は生命の誕生にある．すべての生物は生命を維持し，種

を保存する機能として検知・認識機能−制御機能−行動機能とともに，高度化した生物では個体間に限定的なコミュニケーション機能を備えていた．このコミュニケーション機能が後の進化によって生じた人類種により記号化され，言語化の元となった．これが知能の発祥を促した．

原生言語への進化—共同社会の形成（3.1 節）

進化によって誕生した人類は生存のために相互の協力が必要であり，生物として備わっていたコミュニケーション機能を強化・発展すること，そのためにコミュニケーションの記号化がほぼ必然として行われ，単純な言語である原生言語が形成された．進化の第 2 段階である．初期の人類が言語化によって知能進化を果たした主たる動機は共同社会の生成・維持にあった．この社会性から発した動機の範囲内で，個人が努力して知能化メカニズムを発展させてきた．

意味言語への進化と現代までの知能化メカニズム（4.1 節）

共同体化が進むにつれ環境の動的変化の記録が必要になった．変化を表す構文が原生言語に加わり現代言語の基礎である意味言語が形成された．知能を表す形式として，評価値（信頼度，その他）を含む基本的な意味言語表現，すなわち対象文（要素知）と 3 種の並置文（遷移知，AND 文，OR 文），その利用法を表す構文規則を定めた．集合やメタ記述のような，いくつかの新しい概念が確立した．その結果が論理学という体系にまとめられ，現代の人間知能の基本構造をつくっている．進化の第 3 段階である．意味言語は強力な記述力を示し，それをベースにする知能化メカニズムによる知能行動として問題解決の基本的な機能が実現された．

意味言語から自然言語へ（1.4 節）

なお，上記の諸機能は意味の扱いから発した構造すなわち知能化メカニズム内の意味言語に基づくものである．この後人間の言語開発活動は，状況に適した，より自然な言語表現すなわち自然言語化へと進んだ．それを達成するまでには，もう 1 段，この内部記号である意味言語から外部言

語への変換（外化）が必要であった．これはチョムスキーの提唱する，普遍言語から生成文法による言語生成に相当する．

意味言語の基本になるのは知能表現として知能化メカニズムに記憶された表現であり，それに多様な外部言語の表現が対応する．表現の自然言語化（外化）は，一つの知能表現に対応する多様な外部言語表現の中から状況に応じて最も適切と思われるものを選ぶことであり，それによって多様な自然言語の記述がなされる．逆に，自然言語による入力に際しては，外部表現から意味表現への誤りのない対応（内化）が要求される．この言語化は表現の形式の問題であり，内部（意味）言語と外部（自然）言語の間の変換は本書の目的とは直接の関わりは少ないので本書では扱っていない．

細胞構造による言語の実現（4.3 節）

言語はそこで表現される語や文の構文規則，内・外部からの情報をその構文規則に従って成形する機能，規則に従って文を照合したり置き換えたりする機能などの諸基本機能で定義される．脳細胞レベルの構造でこの言語の規則を維持する動作（処理）が実現されれば，結果的に言語が実現し，以後はあたかも言語という実体が存在するごとくに知能化メカニズムを実現することができる．その言語によって学習を記述し，実行できれば進化を待たずに，意図的に環境に適応することができる．この目的で細胞構造としてのニューラルネットワークが意味言語の中核である遷移知と推論を表現することが示された．

物語生成（4.6 節）

知能と言語の間の関係として，もう一つ問題解決と物語生成の関係に注目する．物語は小さな出来事をベースに形成される文の時系列構造とする．

問題解決は目的に達する知能情報（要素知，遷移知）の連鎖を見いだす行為であり，知能情報の世界に拘束を持ち込んで連鎖をつくる．この連鎖の記録は一つの物語である．この連鎖が知能情報の世界に拘束を持ち込んだことによって得られたとすると，生成される物語には何らかの制約が生

じ，自由に物語がつくれないかもしれない．これは知能活動として出発した問題解決，さらにはそのためにつくられた意味言語の表現力を損なっているのではないか．この危惧に対しては物語生成と問題解決の構造が同じものであることを示すことによって，物語を問題解決として生成することができることを示している．

知能行為の形式化（4.1，4.2 節）

　ある知能的行為が言語的に形式化されれば，その機能の機械的実現が可能になる．言語的に形式化される，とは知能活動を具体化する手順を，言語的な推論（演繹的推論）によって，形式的にかつ自動的に生成することができることとする．これは現状態から出発し，知能情報の世界に存在する知能情報をつなげて問題に至るまでの道筋をつくり上げることであり，これで問題の解を得ることのできる系を**論理的な系（論理系）**と呼ぶ．このように形式化された人間知能は人工知能化が可能である．

　しかし現実の問題解決の現れ方は複雑であり，多様である．それに対応する人間の知的活動の範囲は多岐にわたる．それに比べると問題解決の基本形は知能活動全体の一部にすぎない．これを規格型問題解決と呼んでおく．このような人間の知能化メカニズムと，その人工システム化を含む人工知能の能力を対比し，また将来への影響を考察してみる．

非規格型問題解決の例（5.1 節）

　規格型問題解決の特徴は，第一に解決すべき問題の主たる対象が明示されていることである．問題解決はこの対象の特徴や行動を，利用できる知能情報の連鎖をつくることによって見いだすことである．しかし現実にはこの条件に合わない問題，すなわち解決すべき対象が明示されていない問題がある．しかもこれは現代社会において最重要と言ってもよい意義を持っている．これにも物としての対象は見えていないが，それを定義付ける性質が与えられている「隠れた対象」問題と，そのような性質記述もなく，ただその未知の対象が発するデータのみが与えられている「見えない対象」問題がある．

さらに現実問題としては，問題の関わる範囲が広く，関連する知能情報の範囲が広いこと，そのために推論の道筋の発見が複雑になる大規模（複雑）問題や，類似知能情報が複数あり，推論の筋道が複数に分岐する複数解問題などがある．

対象の明示されていない問題（5.1 節）

対象の明示されていない問題のうち「隠れた対象」問題は意味言語の仕様を一部拡大し，集合構造（べき集合概念）の導入によって，論理系の範囲内で解決される．これに対し「見えない対象」問題は論理化が困難で，今日まで多くの人を悩ませてきた．知能問題としても，これまでは多くは論理化によって解決されてきたが，それが成立しない問題が近年重要視されてきた．この問題に対するアプローチを概観すると，仮説検証方式，データからの知識発見方式，近年注目を集めているディープラーニング方式などがある．

仮説生成と検証（5.2.2 ［1］項）

これまで問題解決を知能の基本としてきたが，問題解決のすべてが論理的な系で表されるわけではない．これまで多くの新しい理論や法則が仮説の生成とその検証という手順で行われてきた．これは経験に基づいて，多くは非論理的に，模索的に行われた．このようにして早くもギリシャ時代にピタゴラスの定理やアルキメデスの原理などが見いだされ，中世以降にはケプラーの法則などが，現代に至ってアインシュタインの相対性理論など多くの理論や法則がこのような仮説生成の過程を経て生み出されてきた．それらが人類の知能レベルを高めてきた．

これらの理論や法則は，発見後に論理体系が説明されることはあっても，すべてが事前に論理的な説明ができていたわけではない．しかしその法則などが，後の世界に果たした知能活動への寄与の大きさを考えるなら，仮説生成は人間において，重要な知能活動の一つと考えるほかない．

仮説検証方式のもとで重要なことは，対象の構造や特性，すなわち法則そのものの表現は言語によって表されていること，しかしそこに至る過程

は，推論のような形式的な論理的手段が使われていないことである．

　仮説の表現は対象とするものの構造関係が複雑なものほど複雑になり，それを表す理論や法則の評価が高い．しかし仮説生成の働きのメカニズムはいまだ十分に分析されておらず，したがって人工化の対象にはなり得ていない．すなわち現状では仮説生成という最高度の知能は人工化が困難である．

直観の働き（5.2.2［1］項）

　このときの知能活動には直観と表現する以外にない機能が無視できない．この意味は未知の対象構造に向けての模索的行為を助ける，現代の我々には理解されない機能である．重要なことはこの直観を含めて，仮説生成という行為は論理的に体系化されないもの，形式化されないものの代表であり，知能化メカニズムの未進化部分すなわち機械化されない行為を代表するものである．仮説生成による法則化の過程は十分理解されてはいないが，これらは歴史的事実として存在している．

データからの知識発見（5.2.2［2］項）

　対象が発するデータから対象の構造を見いだそうとするのが仮説生成であるが，対象構造までは求めず，データから有意な遷移知を見いだし問題解決に役立てることを目指したのがデータからの知識（知能情報）発見あるいはデータマイニングである．しかし知識発見の明確な指針が見いだされず，大きな効果が得られていない．

ディープラーニング（5.2.3［3］項）

　仮説生成によって見いだされた理論や法則は主として考察対象に関する未知の構造関係や特性を表すものである．未知の構造関係や特性を論理系とは全く異なる方法で見いだす方法として近年ディープラーニングと名付けられた技術が開発された．これはニューラルネットワークを用いて未知の対象の構造（特性）を自ら見いだす機能を果たす．

　ディープラーニングの技法は大量の観測データから，それの発生源たる

対象の構造（特徴）を学習的に見いだすものである．この方式の特徴は対象認識の過程をニューラルネットワークという特定の構造的枠組みに制限し，その中での単純な計算の繰返しによって，大量データからその発生源である対象の構造や特性を見いだすものであること，である．この表現方式の制約のため，ディープラーニングで扱える対象の範囲はこの単純な構造のものに制約される．

それでも多次元データに基づく対象認識は人間には不得手な作業であり，ディープラーニングで可能な範囲の問題でも，人にはなし得なかった大きな効果をあげられることが示された．高度に組織化された現代社会では，この手法が効果をあげると期待される問題は多分野にわたり多数存在する．このような背景のもとでディープラーニングは人々の大きな関心を呼んでいる．

問題とディープラーニング適用範囲間のギャップ（5.2.3 [3] 項）

知能化した社会ではさまざまな問題が日常的に発生し，その解決が求められている．それらは例外なく，言語を中心にした社会活動からのものである．発生時の問題の表現形式とディープラーニングが実行される形式は異なり，ディープラーニングを適用するにはこれらを結ぶ手段，すなわち言語による問題表現を解釈し，ディープラーニングが適切に利用できるように定式化することが必要である．これには人間の知能化メカニズム内で言語的に表現され，形式化された知的機能が利用されることになろう．人工知能は，それによって応用分野での特殊性を処理し，その結果をディープラーニングの技法と組み合わせることにより，従来の人間知能の範囲では困難であった種類の問題解決に道を付ける可能性を持つ．

これがしばしば「人より優れた人工知能」といわれることの本質と思われる．それを字句どおり受け取れば人工知能が総合的に人間知能を上回るように見え，そのような状況から，人間が体得し得ないでいる高度知能を人工知能が先取りし，将来起きるかもしれない人間性への侵害の不安，人間の活動を制限して機械が支配する世界をつくり上げるのではないか，という疑心暗鬼も生じかねない．

この見方の正否に対する答えは，厳密な意味ではいまだ出されていない．それはディープラーニングという技法により，どの程度先進的な知能をつくり出せるかが，いまだ明らかにされていないからである．

学習という単純なメカニズムが使えることがディープラーニングの特徴であり，そのためにはニューラルネットワークという単純な構造の処理系を必要とした．その将来性は，この枠組みの中でどこまで複雑な対象構造を表せるか，の問題—例えていえば，ケプラーの法則をニューラルネットワークで発見し，表現することができるかの問題—である．

同一問題の複数解（5.1.3 項，5.2.3 項）

一つの問題に対して解が複数生じる場合がある．というより，論理型の問題解決においては多数の関連知能情報から解を組み立てていくので，知能情報の世界が大きな広がりを持つとき複数の解の構築経路ができるのが自然といえる．評価値を前もって定義しておき，この中から最も評価の高い解を選ぶ，さらに進んで問題の表現を変えてより評価値の高い問題—解の組を見いだすなど，新しい発見につなげる利用法もある．

大規模問題（5.1.4 項，5.2.4 項）

原問題が大規模化することは現代の特徴といえる．大規模化した問題の解を見いだすためには問題自体を小型化する必要がある．その方式としては，問題を局所化しなければならない．局所化とは，問題に強く関わる知能要素の範囲を事前に決めることである．局所化の方式は仮説生成や思考による発見機能と類似の面があり，形式化，明文化が難しい．

統合知能問題（5.3 節）

これら異種知能を含む統合知能の基本パターンを表したのが**図5.7**である．これまでの人工知能は人間知能に内包されたものであり，存在の独立性は認められなかったが，部分的に人間知能を超えた現代は人間と人工システムが協調して，この図の統合知能の基本パターンをどこまで実現し得るかを見いださなければならない．

II / 人間知能と人工知能

　人間知能と人工知能のどちらが優れているかという設問は，見通せる範囲の将来に，「人間の知能化メカニズムで実現されているが，形式化の困難な機能」と，「ディープラーニングによる単純な対象構造の自動発見の機能を備えているが，論理との一体化の困難な人工知能」という二つの知能形態の比較になる．前者にはこれまであげた知的機能の範囲でも，仮説生成，思考における発想機能，大規模（複雑）システムの局所化，など完全な形式化の困難な知的活動が含まれる．

　ディープラーニングの能力限界が明確でないため現状では確定的なことはいえないが，構造発見される対象の複雑さの程度から判断して，現状では，知能レベルは人間のほうが高いといえる．ただし，この高い知能を発揮できるのは，人間の中でも一部の少数者に限定される．

　比較的単純な構造の対象に対してはディープラーニングによる構造発見機能が平均的な人間の能力を超えて効果的に働くことは確実である．これによりビジネスや医療，自動化システムなどの分野で，これまでは体系的な扱いができないままに，感覚的な処理で済まされてきた多くの現場レベルの作業の仕方が全面的に見直されることが予想される．これは末端作業の態様の変化であると同時に組織の効率化の問題であり，社会的な組織変革のきっかけをつくることが確実に思える．この点で人間社会への直接の影響は後者のほうが大きいといえる．しかし，この社会的傾向と知能レベルの問題は別物であり，人工知能が人の能力を超え，ひいては人を征服するなどの危機観とは全く別物であることは認識する必要がある．

人工知能—法則発見の自律性

　法則発見の自律性についても付言しておく．ディープラーニングの手法が発展し，汎用的で，どのような問題に対しても無条件に同一手順で使えるようになったとしたら，あるいはディープラーニングの手法が十分成熟して，問題に応じて最適なニューラルネットワークを自律的に見いだすこ

とができるなら処理上の困難はないが，そうでなければ対象ごとに最適な
ニューラルネットワークを見いだすという問題が生じるであろう．これは
直観によって仮説を求めることと似たところがあり，自律性を困難にする
要因でもある．

人工知能―人間知能への従属から並立へ

　これらの諸課題を含んでいても，ディープラーニングは人工知能の分野
に革命的変化をもたらす可能性を秘めた技術である．何度も述べてきたよ
うに，これまでの人工知能は人間知能のうち言語的に形式化された知能を
模擬するもの，したがって機能的には論理をベースにした人間知能の一部
という位置付けであった．人間知能，人工知能ともに得手，不得手はある
が，人工知能が人間知能を超えた部分を備えたことによって人間知能と並
び立つ存在になった．この事実を踏まえて，人間知能および人工知能につ
いて，今後解明を目指して努力すべき課題をあげておこう．

知能開発―将来の課題

　まず人間知能について，人間知能には形式化されない知能活動の事例の
あることを示した．仮説生成や思考時の発想転換などである．そこから推
察されるのは，知能化メカニズムが知能の発達に追い着けず，知能形成を
助けるその過程を表現できないままでいる，ことである．
　これは知能化メカニズムの基盤としての意味言語の言語形式が不十分な
ため，知能化の過程を表現する能力が十分でないということであろうか，
あるいは論理をベースにした知能の形式化には本来，限界があり，すでに
その段階に達しているためであろうか．
　この見極めが重要であるが，もし前者であるとしたら，今後，意味言語
のさらなる発展を目指して努力する価値がある．例えば模索を効果的に
支援する方式，他分野の模索過程を効果的に利用する方式などさまざまな
可能性がありそうである．過去の進化過程，特に「知能構造」の第2段
から第3段への進化時に，当時の人類はこれと似た状況に置かれており，
それを克服して現代の意味言語への扉を開いてきたのではないか．そして

今度は未来への第 4 段階の進化を目指すことができるのではないか．これは意味言語の構文のさらなる拡大を意味する．それを解明することは知能理解への魅力的な挑戦である．

自然言語との両立

ただし，現代の意味言語は外化を通して自然言語と緊密な対応関係を持っている．意味言語を変えることは必然的に人々の日常の言語を変えることになる．これが混乱の基にならないような方策が必要である．

例えば現在の言語はそのままに残し，その構造は変えずに知能開発用の新しい機能を付加した拡大言語を準備するような方式にならざるを得ないであろう．この付加機能として，本文中では簡単に触れただけのメタ表現をうまく使う方式もありそうである．これを今後検討すべきテーマとしておこう．

人工知能実用化の課題

一方，ディープラーニングの価値は現実の問題への実用性にあり，できる限り広い範囲で問題に合わせて対象の認識を行えるような応用方式の実現が待たれる．

このような人工知能の導入に伴って，人権を含む倫理問題，雇用や医療などを含む新しい社会的組織形成の問題，産業構造再編成の問題，教育の問題など，多くの解決すべき課題が生じる．これらは人工知能の研究者とともに，それぞれの分野の専門家に知恵を絞っていただくほかない課題である．

III / 何が進化したか

進化したものは何か？

ここまで知能の発展の主流を，言語生成の過程を含めて，進化という表現で捉えてきた．具体的には**図 1.5** の知能構造の進化を中心概念として，話を進めてきた．進化の第 1 段階は遺伝子変異から形成されたとされる生

命構造から出発したが，第 2 段階の原生言語以後は記号化によって始まった言語ベースの知能化メカニズムの機能的進化が中心話題であった．これによって現代までの知能進化，さらには現在すでに直面し，さらなる進化が望まれる機能まで統一的な視点で論を進めることができた．

知能の構成

知能がどのような基本的な機能によって生じたかは，知能の分析から知ることができる．例えば問題解決という形で，意味言語で表される知能は，[もし－なら] $\{C_{S2} \cdot C_{V2} \cdot C_{O2} ; C_{S1} \cdot C_{V1} \cdot C_{O1}\}$ のように記号列の並置形を記憶し，並置された記号列の一つと，状態を表示するもう一つ別の記号列との照合を行い，照合条件が満たされたとき，記号並置のもう一つの記号列を残す，のようないくつかの基本機能の組で表された．

進化とは何か．第 1 章で述べたように，機能は「物」によって生じる．知能に関して，その「物」は脳細胞である．新しく「物」が形成されることによって新しい機能が生まれる．脳細胞の新しい構造がつくられ，その構造が新しい機能を生じたとき，進化が行われた，という．

「物」としての細胞の変化から知能の生成までの過程（距離）を考慮したとき，望ましい知能進化が突然変異によりすべて偶然によって起きたとは，歴史的な経緯から見ても困難に思える．そのため，本書では知能化が主体（この場合人間）の意図あるいは願望によって促進され，それを可能にしたのは学習であると述べてきた．

獲得形質は遺伝するか

進化が知能主体の意図に基づいて行われたか，あるいは偶然によるものであるかの問題は，進化の時間的スケールの問題である以前に，知能の本質に関わる問題である．本書の第 1 章で，進化論の主流であるダーウィンは「獲得形質は遺伝しない」としたことをあげた．これが正しい説であるとすると，進化が人間の意図に依存するという上記の説明はこれと矛盾することになる．

これに対する説明は，進化機構に基づいて生成され，世代間で受け継が

れてきたのは記号をベースにした言語の基本操作群であること，である．言語は記号表現を基本的な構成要素として，それから組み立てられた構造が新しい機能を発揮する．そのために言語は構文規則によって文の形式を定め，文同士の関係，文の照合や置換えなどいくつかの機能を保持している．これらの処理機能が脳細胞構造によって実現されていれば言語としての機能が発揮される．これらの機能が実現されたとしよう．

第1章で，知能の構造的発展は3段階の階層構造によってなされてきたと述べてきた．知能の表現の基本要素である要素知，それから構成される遷移知，この二種から構成される行動知であり，第3層の行動知が現実の環境や望ましい状態などを表現する機能を持つ．例えば問題解決機能のような複合機能を持つ．言語仕様に従ってこれらが表現され，記憶される．

言語を持った段階で，人類は環境に積極的に関与し，状態を変化する意図と手段を持った．知能主体が，環境に適応するために望ましい変化を感じ取り，望ましい状態を希求し，言語レベルでそれを表現することによって願望が実現されてきた．

例えば問題解決は，進化的につくられたこれら「物」の機構の下で下位の要素知や遷移知が表現されたのち，それらに基づいてその上位で達成される機能である．この機能は言語仕様に基づいて表現され，「解決したい問題」の形で要望が提示され，以後言語の構造に基づいて自律的に問題解決が行われる．得られた結果は記憶され，次の知能展開時に利用される．

問題解決の機能自体は言語によって学習的に形成された．もし言語という中間媒体がなければ，これと同等の結果が突然変異によって得られたであろうか．仮に可能であったとしても，進化によって，このような複雑な機能に至るまでには途方もなく長い年月を要したであろう．

問題解決のような複雑な機能が進化によって生成されることは困難であったとしても，言語という中間媒体を学習手段として，人は知能化メカニズムを改善してきた．それを形成するいくつかの基本機能（処理機能）が進化により細胞レベルで生成されたことにより，言語レベルで人間の意図の表明が可能になり，知能発展を，短時間で実現できたのではないか．

152

文化としての言語

　言うなれば，進化によって実現されてきたのは，知能表現の低レベル段階の基本機能である．その上に構築された，「準事物」としての言語表現は世代を超えて自動継承されてはいない．継承されるのは共同体に保持された言語という文化である．

　言語文化は概念の外的記憶であり，遺伝的な突然変異のように世代間で自動継承されるものではない．現代においても，生まれたばかりの乳児はこの言語文化そのものは親から受け継いでおらず，知能的には原始人類と変わらない．しかしその後，乳児の知能は急速に進展する．それは文化を吸収し，知能階層の上位の知能を生成する細胞構造の急速な増加の機能を遺伝的に親から受け継いでおり，その結果，文化の継承が高速に行われるからではないか．

言語の偉大なる効用

　近代以降の人類の，複雑な知能の急速な発展は，突然変異による進化のみでは起こり得ないことである．それがなされたのは進化史上，言語という新しい文化が見いだされたからにほかならない．文化史上，この効用は計り知れない．ただし，知能階層の下位の知能表現その他の機能は「物」として神経細胞に形成されるとしたが，そのミクロな機構の詳細はいまだ不明な部分が多い．

論理的分析の限界

　このように言語という文化が人間の知能化に果たしてきた役割は極めて大きい．それが可能であったのは，言語が論理性を満たす構造を潜在的に持ち，その論理構造が学習によって逐次的に形成されたからにほかならない．この言語の役割は時代とともに増大してきたし，今後も続くであろう．しかし，第5章の先進的知能の例に見たように，論理的分析の行く手には大きな障壁が見え始めている．法則の発見のように，結果は記号的に論理で表されるとしても，結果に至る過程はもはや言語による論理的表現が

困難な時代に来ている．これからは全く新しい方向への知能の展開が模索される時代に来ているように見える．

分析的方法と統合的方法の一体化

以上は人間知能に関することであるが，範とする人間の知能が現状では言語に依存する以上，その人工化である人工知能に関しても言語の役割を重視する必要がある．それと同時に直観やディープラーニングのように，分析的な論理を超えた，物事を統合的に把握する何らかの方式を模索することも必要になろう．ただし，それによって何かの法則が見いだされたとして，さらにそれら法則同士の関係性を見いだし，それらを統合することによって普遍的な法則を見いだすような機能には，手段として言語が必要となろう．そのような分析と統合を繰り返して得られる新たな知能開発の方式が今後の目標といえる．

謝　辞

本書の上梓に際して有益なコメントをいただいたドイツフンボルト大学矢沢健之助氏に感謝する．

また，本書の発行にご尽力いただいたオーム社編集局石田正行氏に御礼申し上げる．

参考文献

まえがき

[人 16] 人工知能学会 監修，松尾 豊 編著：人工知能とは，近代科学社（2016）

[ショ 04] A. ショーペンハウアー 著，西尾幹二 訳：意志と表象としての世界，中央公論新社（2004）

[正 11] 正高信男，辻 幸夫：ヒトはいかにしてことばを獲得したか，大修館書店（2011）

第 1 章

[池 75] 池上嘉彦：意味論—意味構造の分析と記述，大修館書店（1975）

[ウ 98] F. ウンゲラー，H. J. シュミット 著，池上嘉彦 訳：認知言語学入門，大修館書店（1998）

[河 16] 河合俊雄 ほか：こころはどこから来てどこにゆくのか，岩波書店（岩波新書）（2016）

[ギ 94] ピエール・ギロー 著，佐藤信夫 訳：意味論，白水社（第 2 刷）（1994）

[坂 08] 坂井克之：心の脳科学—「わたし」は脳から生まれる，中央公論新社（2008）

[人 16] 人工知能学会 監修，松尾 豊 編著：人工知能とは，近代科学社（2016）

[ショ 04] A. ショーペンハウアー 著，西尾幹二 訳：意志と表象としての世界，中央公論新社（2004）

[互 14] 互 盛央：言語起源論の系譜，講談社（2014）

[T 05] M. Tallerman, ed.: Language Origins: Perspectives on Evolution, Oxford University Press（2005）

[正 11] 正高信男，辻 幸夫：ヒトはいかにしてことばを獲得したか，大修館書店（2011）

[メ 97] J. メイナード・スミス，E. サトマーリ 著，長野 敬 訳：進化する階層，Springer（1997）

[山 00] 山崎正明：認知言語学原理，くろしお出版（2000）

[レ 93] G. レイコフ 著，池上嘉彦 訳：認知意味論，紀伊国屋書店（1993）

[渡 74] 渡部昇一：言語と民族の起源について，大修館書店（1974）

第2章

[ア 18] ジェニファー・アッカーマン 著，鍛原多惠子 訳：鳥—驚異の知能，講談社（講談社ブルーバックス）（2018）

[甘 06] 甘利俊一 監修，臼井支朗 編著：ニューロインフォマティクス—視覚系を中心に—，オーム社（2006）

[入 08] 入來篤史 編：言語と思考を生む脳（脳科学第 3 巻），東京大学出版会（2008）

[岡 10] 岡の谷一夫，石森愛彦：言葉はなぜ生まれたのか，文藝春秋（2010）

[K 00] E. Kandel, J. Schwartz and T. Jessell: Principles of Neural Science, 4th Edition, McGraw Hill（2000）

[K 99] C. Koch: Biophysics of Computation, Information Processing in Single Neurons, Oxford University Press（1999）

[酒 02] 酒井邦嘉：言語の脳科学—脳はどのようにしてことばを生みだすか，中央公論新社（中公新書 1647）（2002）

[シ 08] A. シーゲル，H. サプル 著，前田正信 訳：エッセンシャル神経科学，丸善出版（2008）

[田 08] 田中啓治 編：認識と行動の脳科学（脳科学第 2 巻），東京大学出版会（2008）

[D 01] P. Dayan and L. F. Abbott: Theoretical Neuroscience Computational and Mathematical Modeling of Neural Systems, MIT Press（2001）

[利 01] 利根川進：私の脳科学講義，岩波新書（2001）

[古 08] 古市貞一 編：分子・細胞・シナプスからみる脳（脳科学第 5 巻），東京大学出版会（2008）

[正 11] 正高信男，辻 幸夫：ヒトはいかにしてことばを獲得したか，大修館書店（2011）

第3章

[ウ 12] B. L. ウォーフ 著，池上嘉彦 訳：言語・思考・現実，講談社（講談社学術文庫，第 15 刷）（2012）

[H 63] A. S. Hornby, E. V. Gatenby and H. Wakefield: The Advaned Learner's Dictionary of Current English, Oxford University Press（1963）

[大 17] 大須賀節雄：生命から言語へ—新言語論に向けて—，静岡学術出版

（2017）

[金 04]　金谷武洋：英語にも主語はなかった―日本語文法から言語千年史へ，講談社（2004）

[K 05]　S. Kirby: Cultural Evolution: Implications for Understanding the Human Language Faculty and its Evolution (in M. Tallerman, ed.: Language Origins: Perspectives on Evolution), Oxford University Press (2005)

[K 03]　S. Kirby and M. H. Christansen: From Language Learning to Langue Evolution (in M. H. Christansen and S. Kirby, eds.: Language Evolution, pp. 272-294), Oxford University Press (2003)

[酒 03]　酒井邦嘉：言葉の脳科学―脳はどのようにことばを生み出すか，中央公論（中公新書）（2003）

[田 09]　田中克彦：ことばとは何か―言語学と言う冒険，講談社（2009）

[チ 16]　N. チョムスキー 著，J. マッギルヴレイ 聞き手，成田広樹 訳：言葉の科学―言葉・心・人間本性，岩波書店（2016）

[奈 03]　奈良貴史：ネアンデルタール人類のなぞ，岩波書店（岩波ジュニア新書）（2003）

[ミ 06]　スティーブン・ミズン 著，熊谷淳子 訳：歌うネアンデルタール，早川書房（2006）

第 4 章

[ウ 93]　B. L. ウォーフ 著，池上嘉彦 訳：言語・思考・現実，講談社（講談社学術文庫）（1993）

[上 85]　上野晴樹：知識工学入門，オーム社（1985）

[大 10]　大須賀節雄：言語と知能～言語はどのようにして創られたか？～，オーム社（2010）

[O 07]　S. Ohsuga: Bridging the gap between non-symbolic and symbolic processing ― How could human being acquire language?, *Fundamenta Informatica*, Vol. 75, Issue 1-4, IOS Press (2007)

[K 03]　S. Kirby and M. H. Christansen: From Language Learning to Langue Evolution (in M. H. Christansen and S. Kirby, eds.: Langue Evolution, pp. 272-294), Oxford University Press (2003)

[清 84]　清水義夫：記号論理学，東京大学出版会（1984）

[人 16]　人工知能学会 監修，松尾 豊 編著：人工知能とは，近代科学社（2016）

[中 15]　中島秀之：知能の物語，公立はこだて未来大学出版会（2015）

[正 11] 正高信男，辻 幸夫：ヒトはいかにしてことばを獲得したか，大修館書店（2011）

[ム 56] A. G. ムーアハウス 著，ねずまさし 訳：文字の歴史，岩波書店（岩波新書）（1956）

第 5 章

[上 19] 上野晴樹：詳説人工知能，オーム社（2019）

[大 11] 大須賀節雄：思考を科学する～考えるとはどういうことか？～，オーム社（2011）

[斎 16] 斎藤康己：アルファ碁はなぜ人間に勝てたのか，ベスト新書，KKベストセラーズ（2016）

[坂 08] 坂井克之：心の脳科学，中央公論（中公新書）（2008）

[人 15] 人工知能学会 監修，神嶌敏弘 編著：深層学習，近代科学社（2015）

[月 18] 月本 洋，松本一教：実戦データマイニング―AI による株と為替の予測，オーム社（2018）

[松 15] 松尾 豊：人工知能は人間を超えるか―ディープラーニングの先にあるもの，角川 EPUB 選書 021（2015）

索　引

あ

アインシュタイン, A.　144
アルキメデスの原理　144

一般認識問題　109
遺伝子情報　49
意図の達成　15
意　味　16
　──の伝達　16
意味記述　90
意味言語　8, 9, 46, 47, 49,
　　　　64, 65, 70, 100, 141,
　　　　149
　──への進化　141
　──への展開　66
医　療　148
入れ子型センサ複合　56
入れ子構造　57
　──子　57

エキスパートシステム　vi, 96
演繹推論　119

音素数　50

か

外　化　19, 54, 100, 142
解形成　90, 104
概念構造　95, 111
解の精錬　133
学　習　13, 32, 33, 34, 38, 39,
　　　　124
　──機構　49
　──方式　40
獲得形質　62, 151

隠れた対象　117, 143, 144
　──問題　104, 133
可視化　124
仮　説　118, 119
仮説検証　126
　──法　118
　──方式　127, 144
仮説生成　118, 119, 120, 145,
　　　　149
　──と検証　144
仮説表現　127
感　覚　85
環境認識　31
感　性　13

機械が支配する世界　146
規格型問題解決　16, 69, 91, 94,
　　　　95, 132
記　号　16, 50
　──の共有　51
記号化　5, 36, 37, 46, 47, 48, 141
　──の時代　8, 49
記号言語　55
　──間翻訳　90
記述性　97
技術的特異点　iii
記述力　97
帰納推論　119
教　育　150
教師あり学習　38, 40, 43, 123
教師なし学習　123
共同社会の形成　141
共同体　46, 49, 61, 64
行　列　82
局所化　147
局所問題化　131

空集合　75

クロマニオン　66

形式化　17, 117, 143

形態素　50, 53, 54, 57

結論項　70

ゲノム情報　39

ケプラーの法則　144

言　語　7

　　──生成　18, 142

　　──の創出　38

　　──の役割　154

　　──理解　18

言語学　17, 18, 133

原始人間社会の管理　61

原始人間知能　59

検　証　118

原生言語　8, 9, 47, 48, 49, 141

　　──の二大拡張　50

　　──への進化　141

検　知　32

検知・認識機構　9

検知・認識機能　31, 32

語　53

　　──学習　53

口腔駆動部　33

後進推論　92

構造制約　100

高速学習　127

行動機能　31

行動知　9, 10, 152

行動認識　31

高度化問題　104, 112

構文規則　77

誤差逆伝播法　43

個人差　68

コミュニケーション機能　141

コミュニケーション言語　16

さ

採餌能力　28

最大マッチング対　133

細胞組織　21

産業構造再編成　150

視覚器　32

時系列　51

次　元　109

自己符号化器　125, 128

事　実　65

辞　書　54

次世代の問題解決　69

自然言語　16, 46, 141

自動化システム　148

自動継承　153

自動認識　vi

社会的組織形成　150

自由型問題解決　16, 69, 132

集　合　70, 73, 75, 141

集合体　105

集合 – 要素関係　73

集合論　76

樹状構造　94

述　語　76

述語論理　76, 84

出力層　125

出力ノード　23

準事物　153

条件項　70

状態遷移　86

状態の変化　65

情　緒　13

情報伝達速度　127

情報伝達物質　24, 127

処理範囲の同定　133

自律的　129

自律的解決　90

進　化　13, 49, 140, 150, 153

160

進化と学習　13
進化論　14
シンギュラリティ　iii, 135
人工知能　149
人工知能化の可能性　138
深層学習　122
信頼性管理　80
信頼度　133
　──文　79

推　論　49, 71, 72, 81

正規分布　108
制　御　32
　──学習　38, 39, 40, 43
　──機能　31, 33
生殖能力　28
生成規則　19
生成文法　142
生得的　19
生物知能　29, 34, 49, 140
生物の進化　4
生命維持　28
生命機構　8
生命構造　28, 29, 33, 41, 46, 55
生命の時代　8
遷移行列　83
遷移知　9, 10, 47, 70, 72, 85, 88,
　　　122, 141, 152
　──構造　89
　──集合　87
センサ　32, 33, 48
　──情報　35
　──複合　36, 56
前進推論　92
前置項　115

相関関係　121
総合的知能レベル　129
創　造　69

相対性理論　144
組織の効率化　148
組織変革　148
ソシュール，F. d.　18

た

第1段階の知能　29
ダーウィン，C.　14, 62, 151
大規模（複雑）問題　104, 144
　──の局所化　133
対象認識　123, 133
対象の特徴　126
対象文　70, 141
対象レベル文　78
第六感　13
多階層ニューラルネットワーク
　　　24
多次元データに基づく対象認識
　　　146
探索技法　vi
探索限界　131
探索問題　95
単　文　48, 59

逐次的構造修正　127
知　識　85, 96, 121
　──の可視化　16
知識発見　121
　──機能　121
知識ベース　96, 121
知能階層　10
知能開発　149
知能化メカニズム　3, 12, 13, 20,
　　　28, 35, 46, 47, 53, 59, 67,
　　　100, 126, 139
知能ギャップ　51
知能形態　148
知能構造　2, 3, 139
　──の時間的変化　5
　──の進化　4, 140

知能主体　20
知能進化　28
知能の全体像　iv, 138
知能の統合化　132
知能要素　10
知の発展　69
中間層　125
聴覚器　32
直列配置　91
直　観　13, 119, 120, 127, 145,
　　154
チョムスキー，A. N.　18, 142

ディープラーニング　109, 122,
　　123, 124, 126, 127, 128,
　　135, 145, 146, 148, 154
　——方式　128, 144
データからの知識（知能情報）発見
　　121, 145
　——方式　144
データ選別　133
データマイニング　121, 145

同義関係　87
同義表現　87
統合知能　134, 147
統合的人工システム　129
統合的方法　154
特　徴　124
特徴認識　31
特徴量　125
突然変異　153
トップダウン　127
ドーパミン　24
トレーニング　53

な
内　化　19, 133, 142

二重記号化　57

二足歩行　46
入力層　125
入力ノード　23
ニューラルネットワーク　23, 42,
　　81, 82, 123, 125, 127, 145
ニューロインフォマティクス　41
ニューロン　22, 127
人間性への侵害　146
人間知能　29, 149
人間理解　v
認　識　32, 109, 122, 123, 124
認識系　127
認識装置　124
認識 – 問題解決　129
認知言語学　19

ネアンデルタール　5, 15, 47

脳細胞　139, 151
望ましい物語　98

は
発　見　111, 147
発　想　69
発想転換　149
汎用的方法　128

非規格型問題解決　143
ビジネス　148
ピタゴラスの定理　144
ビッグデータ　126
否　定　76
表現能力　96
表現の信頼度　78
閃　き　69, 119
非論理的　144

複合入力　36
複合入力機能　31
複雑度　128

複雑問題　111
複数解問題　104, 144
複　文　50, 55, 57, 58, 59
物体認識　31
部分集合　75, 114
普遍言語　142
普遍的な法則　154
普遍文法　19
プロット　99
文　化　62
　　──の継承　15
分析的な論理　154
分析的方法　154
文の正しさ　65
分類器　124

並置文　71, 101, 141
べき集合　75, 113, 114

法則の発見　153
ボトムアップ　127
ホモサピエンス　66
翻　訳　18
翻訳問題　133

ま
見えない対象　106, 117, 118,
　　　　143, 144
　　──の問題　104
未解明項　93
ミスマッチ　129
未知項　76

メタ記述　67, 70, 78, 106, 141
メタ思考　13
メタ表現　150
メタレベル文　78

模索的　144
文　字　64

モータ　33
　　──複合　36
物　語　98, 142
　　──生成　142
　　──生成機構　98
物 - 機能関係　138, 139
問題解決　9, 15, 90, 93, 128
　　──過程　72
　　──機能　152
　　──法　127
問題の局所化　131
問題表現　90, 104, 113

や
要　素　75
要素知　9, 10, 37, 47, 65, 141,
　　　　152
　　──構造　95

ら
倫理問題　150

連　鎖　72, 88, 90, 98, 142

論理学　66, 76, 77, 99
論理性　97
論理的な系（論理系）　143
論理的表現　153
論理の時代　8, 67

英・数
AND 文　101, 141
AND 並置　71

KDD　121

OR 文　101, 141
OR 並置　71

3 段階の知能進化　8, 140

〈著者略歴〉

大須賀 節 雄 （おおすが せつお） 工学博士

学　歴　　1957 年 3 月　東京大学工学部卒業
職　歴　　1957 年 4 月　富士精密工業株式会社入社
　　　　　1961 年 1 月　東京大学助手　　航空研究所
　　　　　1967 年 2 月　東京大学助教授　宇宙航空研究所
　　　　　1981 年 7 月　東京大学教授　　境界領域研究施設
　　　　　1988 年 4 月　東京大学教授　　先端科学技術研究センター
　　　　　1991 年 4 月　東京大学教授　　先端科学技術研究センター長
　　　　　1995 年 3 月　東京大学を定年により退職
　　　　　1995 年 4 月　早稲田大学教授　理工学部情報学科
　　　　　2003 年 3 月　早稲田大学退職
　　　　　1988 ～ 89 年度　日本人工知能学会会長

研究分野　人工知能，人間知能，マンマシンシステム，CAD，知識処理，知識発見，ほか

国際会議　・環太平洋人工知能国際会議：PRICAI（Pacific Rim International Conference on
　　　　　　Artificial Intelligence）1990，1991，Steering Committee 委員長
　　　　　・情報モデルと知識ベースに関するヨーロッパ - 日本国際会議：EJCIMKB
　　　　　　（European-Japanese Conference on Information Modeling and Knowledge
　　　　　　Bases）1990，会長
　　　　　・仮想システムとマルチメディア国際会議：ICVSMM（International Conference
　　　　　　on Virtual Systems and Multi-Media）1995，会長
　　　　　・知的エージェント技術国際会議：IAT（International Conference on Intelligent
　　　　　　Agent Technology）1999，会長
　　　　　・データからの知識発見国際会議：PAKDD（International Conference on
　　　　　　Knowledge Discovery in Data）1999，会長
　　　　　・アクテイブ・メディア技術国際会議：AMT（International Conference on
　　　　　　Active Media Technology）2009，会長
　　　　　・脳情報国際会議：BI（International Conference on Brain Informatics）2009，名
　　　　　　誉会長
　　　　　・人工知能共同国際会議：IJCAI（International Joint Conference on Artificial
　　　　　　Intelligence），日本委員会委員長
　　　　　・大規模データベース国際会議：VLDB（International Conference on Very Large
　　　　　　Data Base），アジア地区統括
　　　　　・その他，多数の国際会議にて Advisory Committee 委員，Steering Committee
　　　　　　委員，Program Committee 委員などを歴任

図　　書　　次世代 CAD/CAM のための知識処理の応用，マグロウヒル（1985）
　　　　　知識情報処理，オーム社（1986）
　　　　　データベースと知識処理，オーム社（1989）
　　　　　言語と知能～言語はいかにして創られたか？～，オーム社（2010）
　　　　　思考を科学する～「考える」とはどういうことか？～，オーム社（2011）
　　　　　生命から言語へ─新言語論に向けて─，静岡学術出版（2017）　　　その他多数

人間知能と人工知能
―ある AI 研究者の知能論―

2020 年 4 月 10 日	第 1 版第 1 刷発行
2021 年 3 月 20 日	第 1 版第 2 刷発行

著　者　大須賀節雄
発 行 者　村上和夫
発 行 所　株式会社 オーム社
　　　　　郵便番号　101-8460
　　　　　東京都千代田区神田錦町 3-1
　　　　　電話　03(3233)0641(代表)
　　　　　URL https://www.ohmsha.co.jp/

© 大須賀節雄 2020

印刷・製本　デジタルパブリッシングサービス
ISBN978-4-274-22532-1　Printed in Japan

本書の感想募集　https://www.ohmsha.co.jp/kansou/

本書をお読みになった感想を上記サイトまでお寄せください．
お寄せいただいた方には，抽選でプレゼントを差し上げます．